W0253563

WERKSTATTBÜCHER

FÜR BETRIEBSBEAMTE, KONSTRUKTEURE UND FACHARBEITER
HERAUSGEGEBEN VON DR. ING. H. HAAKE, HAMBURG

Jedes Heft 50—70 Seiten stark, mit zahlreichen Textabbildungen

---

Die Werkstattbücher behandeln das Gesamtgebiet der Werkstattstechnik in kurzen selbständigen Einzeldarstellungen; anerkannte Fachleute und tüchtige Praktiker bieten hier das Beste aus ihrem Arbeitsfeld, um ihre Fachgenossen schnell und gründlich in die Betriebspraxis einzuführen.
Die Werkstattbücher stehen wissenschaftlich und betriebstechnisch auf der Höhe, sind dabei aber im besten Sinne gemeinverständlich, so daß alle im Betrieb und auch im Büro Tätigen, vom vorwärtsstrebenden Facharbeiter bis zum leitenden Ingenieur, Nutzen aus ihnen ziehen können.
Indem die Sammlung so den Einzelnen zu fördern sucht, wird sie dem Betrieb als Ganzem nutzen und damit auch der deutschen technischen Arbeit im Wettbewerb der Völker.

Einteilung der bisher erschienenen Hefte nach Fachgebieten

I. Werkstoffe, Hilfsstoffe, Hilfsverfahren

II. Spangebende Formung

(*Fortsetzung 3. Umschlagseite*)

WERKSTATTBÜCHER
FÜR BETRIEBSBEAMTE, KONSTRUKTEURE UND FACHARBEITER. HERAUSGEBER DR.-ING. H. HAAKE, HAMBURG
HEFT 92

Dichtungen

Von

Dr.-Ing. Karl Trutnovsky

Mit 151 Abbildungen im Text

Springer-Verlag
Berlin/Göttingen/Heidelberg
1949

ISBN-13: 978-3-540-01437-9 e-ISBN-13: 978-3-642-86202-1

DOI:10.1007/978-3-642-86202-1

Inhaltsverzeichnis.

Vorwort.

Die Dichtung — ein uraltes Maschinenelement — ist heute noch sehr wenig behandelt. Das mag seinen Grund teilweise darin haben, daß es einer „Berechnung“ nur wenig zugänglich ist. Das große Anwendungsgebiet — gibt es doch kaum eine Maschine und kaum ein Bauwerk ohne Dichtung — rechtfertigt aber einerseits eine ausführliche Behandlung, bringt jedoch andererseits eine derartige Fülle von Ausführungsformen, wie sie kaum ein anderes Maschinenelement aufweist.

Es wurde versucht, eine gewisse Systematik in diese Fülle zu bringen, denn nur dann ist es einigermaßen möglich, den Überblick nicht zu verlieren. Es war aber nicht immer durchführbar, irgend einer Bauart eine eindeutige Stelle im Gesamtgebiet zuzuweisen; oft verwischen sich die kennzeichnenden Eigenschaften und es ist dann Ansichtssache, in welche Gruppe die Dichtung einzuordnen ist. Bei der Abfassung des Buches war es stets das Streben, das Wesentliche herauszuarbeiten, was besonders in den zahlreichen halbschematischen Zeichnungen zum Ausdruck kommt.

Obwohl die dargestellten Dichtungen nur einen Teil der von den einschlägigen Firmen hergestellten Bauformen wiedergeben, hat man doch den Eindruck, daß eine Beschränkung auf weniger Typen sowohl für Hersteller als auch Verbraucher eine lohnende und durchaus mögliche Aufgabe sein könnte.

Dem Sinne eines Werkstattbuches entsprechend ist auch dort, wo eine genauere Rechnung möglich wäre — wie z. B. bei den berührungsfreien Dichtungen — auf eine solche nicht eingegangen worden; sie wäre mit wenigen Seiten auch kaum hinreichend zu erläutern und außerdem bietet die bereits vorhandene Literatur genügende Unterlagen.

Das große Gebiet der Berührungsdichtungen ist rechnungsmäßig nur sehr wenig zugänglich; eine Übersicht ist in dem bekannten Werk von F. Rötscher: Die Maschinenelemente, vorhanden. Sehr viele Unterlagen enthalten Firmendruckschriften (für deren Überlassung hier der Dank ausgesprochen sei!), von denen besonders die Werkzeitschriften des Goetze-Werkes hervorzuheben sind.

Ein bisher wenig beachtetes Gebiet sind Lagerabdichtungen u. dgl., die ebenfalls besprochen sind; hier sei besonders Herrn F. Wankel, Lindau a. B., für seine Unterstützung gedankt. Der Abschnitt macht naturgemäß keinen Anspruch auf Vollständigkeit.

Der Verfasser würde es sehr begrüßen, Anregungen zu Ergänzungen, besonders aber Erfahrungen mit Dichtungen aus der Praxis zu erhalten.

Bringt das Büchlein eine Vertiefung der durchschnittlichen Kenntnisse über Dichtungen im Kreise der Schaffenden und hilft es damit manche Schwierigkeit zu überwinden, so ist sein Zweck erfüllt.

I. Berührungsdichtungen an ruhenden Maschinenteilen.

A. Grundsätzliche Erwägungen.

1. Zweck der Dichtung. Die Dichtung bzw. die mit ihr hergestellte Dichtverbindung hat die Aufgabe, Räume mit verschiedenem Druck gegeneinander abzuschließen; im weiteren Sinn versteht man darunter auch Hilfsmittel, die das Eindringen von Fremdkörpern (z. B. Staub) in bestimmte Räume (z. B. Lager) verhindern sollen.

2. Eigenschaften. Je nach dem Verwendungszweck wird das Hauptgewicht bei der Beurteilung der Dichtung auf eine oder mehrere der folgenden Eigenschaften bzw. Verlustquellen zu legen sein, die vielfach untrennbar ineinander greifen.

a) Dichtheit, um Stoffverluste zu vermeiden. Diese ergeben folgende Nachteile: Wertverluste, die je nach der „Benützungsdauer" der betreffenden Dichtverbindung mehr oder weniger ins Gewicht fallen (Gefahr dauernder kleiner Undichtheiten!); Zerstörung der Dichtung durch die erodierende und korrodierende Wirkung des durchtretenden Mittels; Gefährdung der Umwelt bei giftigen Betriebsstoffen; Verschmutzung, Feuergefährdung und Belästigung der Umgebung; Vermengung verschiedener Betriebsstoffe; mangelnde Dichtheit bei Staubdichtungen führt mittelbar zu erhöhtem Verschleiß.

b) Betriebssicherheit. Diese ist je nach der Bedeutung der Dichtverbindung zu bewerten und steht oft an erster Stelle aller Forderungen! Mit der Betriebssicherheit in engem Zusammenhang stehen die Festigkeitseigenschaften der Dichtungswerkstoffe.

c) Lebensdauer. Diese ist nach zwei Richtungen hin zu beurteilen: in bezug auf die Haltbarkeit gegenüber den Beanspruchungen durch den Betriebsstoff und (bei bewegten Dichtungen) durch den Betrieb und in bezug auf die Widerstandsfähigkeit gegen das Lösen der Dichtverbindung (vergleiche die Dichtung eines Kolbenmaschinen-Steuerungsventiles, das in der Minute mehrere hundert oder tausend Male bewegt wird, mit der Dichtung einer in der Erde verlegten Leitung!). Verschleißfestigkeit, chemische Widerstandskraft, Temperaturbeständigkeit, elektrolytische Einflüsse (Elementenbildung) bestimmen vor allem von der Werkstoffseite her die Lebensdauer.

d) Lösbarkeit. Man unterscheidet lösbare und unlösbare Dichtverbindungen; die „beschränkte" Lösbarkeit bedingt meist Zerstören eines Teiles der Dichtverbindung beim Lösen. Unlösbare Verbindungen sind im allgemeinen vorzuziehen. Das darf jedoch niemals die notwendigen Demontierungsarbeiten der betreffenden Einrichtung (Maschine, Rohrleitung usw.) verhindern; es ist Sache des Konstrukteurs, hier den notwendigen Mittelweg zu treffen. Bei voraussichtlich sehr seltener Zerlegung (z. B. dauernd verlegte Rohrleitungen) kann die unlösbare Verbindung auch auf die Gefahr schwieriger Instandsetzungsarbeiten hin vorzuziehen sein.

e) Leistungsverlust. Bei Stopfbüchsen tritt, abgesehen von dem durch die Undichtheitsverluste bedingten Verlust an Leistungen, auch ein solcher durch Reibung ein. In besonderem Zusammenhang mit diesem Leistungsverlust stehen Oberflächenbeschaffenheit und mittlere Gleitgeschwindigkeit der Dichtflächen.

f) Wärmeleitzahl des Dichtungswerkstoffes. In vielen Fällen ist die gute oder schlechte Wärmeleitfähigkeit des Dichtungswerkstoffes wichtig, je nachdem die Wärmeabfuhr der beiden Dichtflächen (bzw. die Wärmeleitung von einer Dichtfläche durch die Dichtung zur anderen Dichtfläche) möglichst gut oder schlecht sein soll.

g) Elastizität des Dichtungswerkstoffes. Für die Nachgiebigkeit bzw. Starrheit der Gesamtkonstruktion ist häufig auch die entsprechende Eigenschaft des Dichtungswerkstoffes mit maßgeblich.

h) Undurchlässigkeit des Dichtungswerkstoffes für den Betriebsstoff. Besitzt der Werkstoff diese Eigenschaft nicht, ist er „porös", so entstehen Leckverluste (u. U. — z. B. bei Vakuumabdichtungen — kann auch Luft eingesaugt werden!); meist wird poriger Werkstoff unter dem Einfluß der Dichtkraft genügend „verdichtet".

3. Wirkungsweise. Die Wirkungsweise der Dichtungen beruht entweder auf dem Ausfüllen der Unebenheiten der Dichtflächen durch den Dichtungswerkstoff (elastische und bleibende Formänderungen) oder durch Verformung der Dichtflächen selbst. Abb. 1 gibt einen Einblick in das Wesen der Berührungsdichtungen. a zeigt die nicht erreichbare Idealform von Dichtflächen; tatsächlich haben die Dichtflächen eine Oberflächenbeschaffenheit, die von der Bearbeitung abhängt (Abb. 1b). Die dabei vorhandenen Zwischenräume wirken wie eine Labyrinthdichtung, d. h. es findet eine Drosselung statt, wobei der entstehende Leckverlust vom Querschnitt und von der Zahl der Zwischenräume abhängt. Gelingt es, rings um die abzudichtende Stelle in einem geschlossenen Linienzug den Querschnitt Null herzustellen, so entsteht vollkommene Dichtheit; dies kann wie folgt erreicht werden:

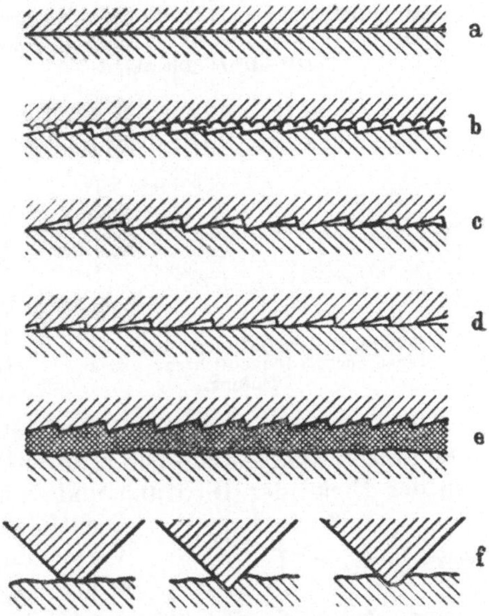

Abb. 1. Grundsätzliche Wirkungsweise der Berührungsdichtungen. a Idealform der Dichtflächen; b wirkliche Form der Dichtflächen; c Dichtung durch Verformen der Dichtflächen; d Dichtung durch Aufschleifen; e Dichtung durch Ausfüllen der Unebenheiten; f Dichtung mittels Formdichtung (Verformung der Formdichtung, der Dichtfläche und Formdichtung und Dichtfläche).

a) Durch Verformung der Dichtflächen (Abb. 1c); Voraussetzung ist eine entsprechend hohe Dichtkraft bzw. bei bestimmter Dichtkraft eine entsprechend kleine Dichtfläche (Erläuterung der Begriffe siehe Abschnitt 4). Durch die Dichtkraft werden elastische (sich wieder rückbildende, vorübergehende) und plastische (bleibende) Formänderungen der Dichtflächen bewirkt, die die Erfüllung der obenstehenden Forderung (Querschnitt Null) herbeiführen.

b) Durch gegenseitiges Einschleifen (Aufschleifen) der Dichtflächen (Abb. 1d), wodurch Zahl und Größe der Berührungsstellen erhöht wird.

c) Durch Ausfüllen der Unebenheiten mit einer gut verformbaren Dichtungsplatte (Abb. 1e) („Dichtung"). Diese wird einer Dichtpressung ausgesetzt, die entweder eine vorwiegend elastische Formänderung bewirkt (z. B. Gummi) oder in den meisten Fällen den Dichtungswerkstoff über seine Streckgrenze beansprucht und ihn zum Fließen bringt (plastische Formänderung). Hauptform: Flachdichtung.

d) Durch hauptsächlich plastische Formänderung einer Formdichtung (Abb. 1f), oder durch entsprechende Verformung der Dichtfläche oder durch Verformung von Formdichtung und Dichtfläche. Zur Verformung genügen auch bei schwer verformbaren Werkstoffen verhältnismäßig geringe Kräfte.

4. Auf die Dichtung wirkende Kräfte, Kennzahl und bezogene Flächenpressung der Dichtung; am Beispiel einer Flanschendichtung (Preßdichtung) erläutert (Abb. 2).

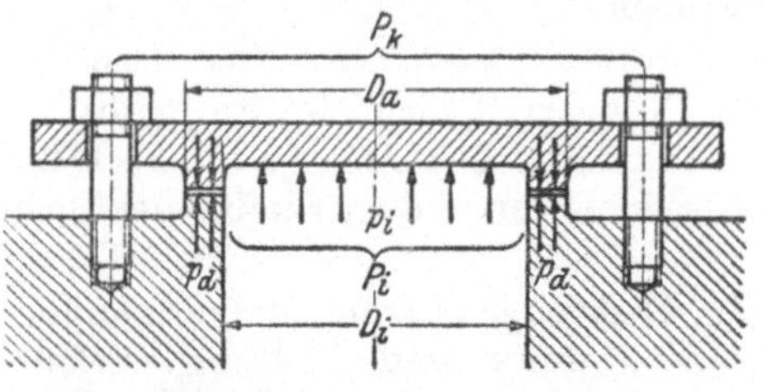

Abb. 2. Flanschendichtung. D_a und D_i Außen- und Innendurchmesser der Dichtflächen; p_d Dichtpressung (Flächenpressung der Dichtung); p_i Innendruck; $P_i = p_i\,\pi\,D_i^2/4$ Innenkraft; $P_k = P_i + p_d\,\pi\,(D_a^2 - D_i^2)/4$ Dichtkraft.

Zur Abdichtung ist eine Dichtkraft P_k, erzeugt durch Schrauben (oder Überwurfmuttern, Keile usw.), erforderlich. Diese Dichtkraft ist für die Festigkeitsrechnung der Verbindung maßgeblich. Sie ergibt sich als Summe der Kraft auf die Dichtfläche $p_d\pi(D_a^2 - D_i^2)/4$ und der Innenkraft $P_i = p_i\pi D_i^2/4$, wobei D_a und D_i Außen- und Innendurchmesser der Dichtflächen, p_d die Dichtpressung und p_i den Innendruck bedeuten.

Eine Dichtverbindung ist zerstört, wenn die Dichtung durch den Innendruck herausgedrückt wird. Die dünne Dichtung (Abb. 3) ist infolge der kleineren Angriffsfläche für den Innendruck gegenüber der dickeren (Abb. 4) im Vorteil, doch darf die Dicke der Dichtung ein gewisses, von den Unebenheiten der Dichtflächen bestimmtes Maß nicht unterschreiten, sonst ist die Anpassungsfähigkeit an diese Unebenheiten oder an schräg stehende Flanschen u. dgl. ungenügend.

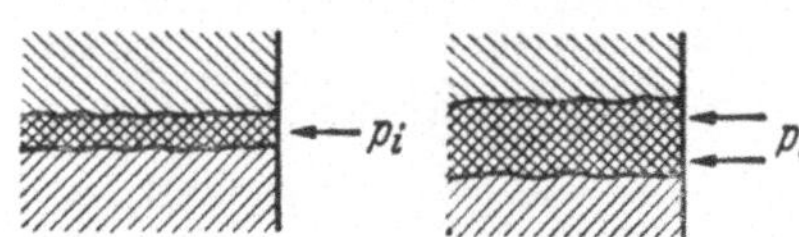

Abb. 3. Abb. 4.
Belastung der Dichtung durch den Innendruck. 3 dünne Dichtung, 4 dicke Dichtung.

Die Dichtung ist durch die auftretenden Kräfte (Abb. 5) Normal- und Schubspannungen ausgesetzt. Die erforderliche Dichtpressung hängt vom Gegendruck, von der Dicke der Dichtung und von der Reibungszahl zwischen Dichtung und Dichtfläche ab. Weiter haben Maßnahmen, die starke Verformung der Dichtflächen bringen (z. B. in die Flanschen eingedrehte Dichtrillen) wesentlichen Einfluß.

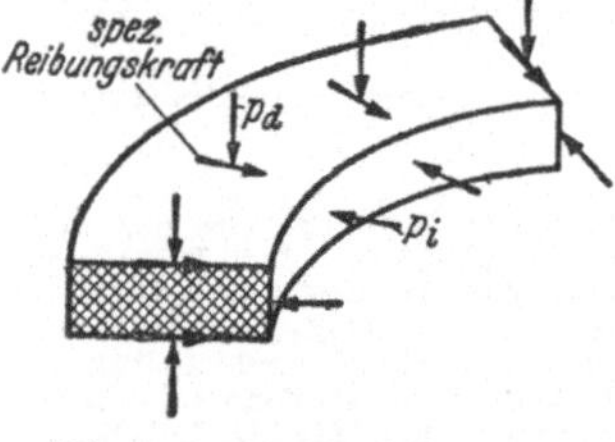

Abb. 5. Beanspruchung einer Dichtung durch Dichtpressung p_d, Innendruck p_i und spezifische Reibungskraft.

Als Kennzahl für die Dichtverbindung wird das Verhältnis Dichtkraft zur Innenkraft P_k/P_i angenommen. Je kleiner dieses Verhältnis ist, mit desto geringerem Baustoffaufwand kann die Verbindung hergestellt werden. Für die Dichtflächen bzw. die Dichtung ist die Dichtpressung

$$p_d = \frac{P_k - P_i}{\pi/4\,(D_a^2 - D_i^2)}$$

wesentlich. Das Verhältnis p_d/p_i (bezogene Flächenpressung) ist für die Beurteilung des Verhaltens der Dichtung von Bedeutung.

Wie sehr die Kennzahl von den Abmessungen der Dichtung und von der Art des Einbaues abhängt, zeigen zwei Beispiele.

a) Einfluß der Dichtungsbreite (Abb. 6 bis 8). Bei gegebener Dichtkraft P_k ist die Dichtpressung p_d von der Breite der Dichtung abhängig, wenn der Durchmesser D_i als festliegend angenommen wird. Einbaubeispiele einer Flachdichtung zeigen, wie verschieden die Dichtpressung ausfallen kann. Auch die Flanschbeanspruchungen bzw. Verformungen sind verschieden. Angenommen, die Dichtpressung in Abb. 7 wäre richtig, so stellt sich in Abb. 6 eine unnötig hohe Flächenpressung ein, während in Abb. 8 die Abdichtung bereits fraglich ist. Abb. 9 zeigt den Einfluß der Dichtungsbreite auf die Kennzahl einer Flanschverbindung. Große Dichtungsbreite bei gleichem Außendurchmesser erfordert hohe Dichtkraft und führt zu hoher Kennzahl.

b) Einfluß der Flanschform. Die Art des Einbaues der Flachdichtung ist verschieden (Abb. 10); das hat einen sehr großen Einfluß auf die Kennziffer (Abb. 11). Eine Dichtung zwischen glatten Dichtflächen, Kurve C, muß stark angepreßt werden, damit sie nicht herausgedrückt wird. Rillen, in die sich der plastische Werkstoff einpreßt, Kurve D, erlauben eine weitgehende Verminderung der Dichtkraft und verbessern so die Kennzahl, ebenso Kämme, Kurve E. Glatte Dichtflächen sind bei Weichdichtungen nur bis zu mittleren Drücken möglich, wenn schmale Dichtungsringe vorliegen, sonst würden diese infolge des Innendruckes zerreißen.

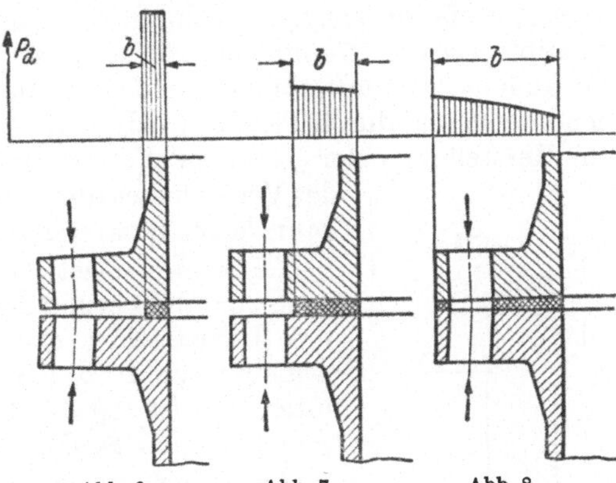

Abb. 6. Abb. 7. Abb. 8.

Abb. 6···8. Einfluß der Dichtungsbreite b auf die Dichtpressung p_d. Beachte die Biegungsbeanspruchung der Flanschen!

Abb. 6. Schmale Dichtung, überflüssig hohe Dichtpressung.

Abb. 7. Dichtung mittlerer Breite, richtige Dichtpressung.

Abb. 8. Breite Dichtung, teilweise schon ungenügende Dichtpressung.

5. Selbsttätige Dichtungen. Eine Abweichung von den vorstehend geschilderten Verhältnissen bringen die Dichtungen, bei welchen nicht äußere Kräfte (z. B. die Schraubenkräfte) die Dichtkraft liefern (man bezeichnet diese Dichtungen auch als „Preßdichtungen“), sondern bei welchen diese durch den Druck des Betriebsmittels selbst erzeugt wird: selbsttätige Dichtungen.

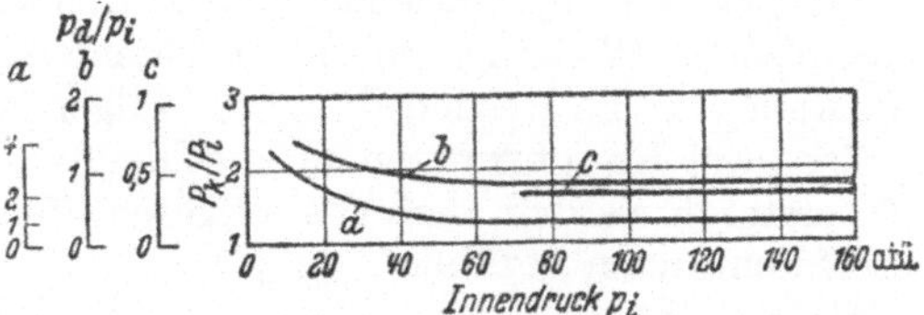

Abb. 9. Einfluß der Dichtungsbreite auf Kennzahl P_k/P_i und bezogene Flächenpressung p_d/p_i einer Flachdichtung aus It-Stoff (nach RAIBLE). a, b, c Dichtungsbreiten usw. siehe Abb. 14 (S. 12).

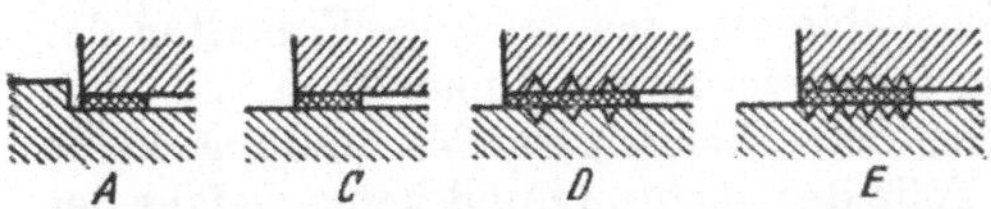

Abb. 10. Verschiedene Arten des Einbaues von Flachdichtungen, wie sie von RAIBLE zu den Versuchen benützt wurden. A Vor- und Rücksprung. C Glatte Dichtflächen. D Nuten in den Dichtflächen. E Rillen (Kämme) in den Dichtflächen.

Abb. 11. Einfluß der Art des Einbaues auf die Kennzahl P_k/P_i und bezogene Flächenpressung p_d/p_i einer Flachdichtung; Asbest (nach RAIBLE). A, C, D siehe Abb. 10.

Bei diesen Dichtungen bewirkt der innere Überdruck das Anpressen der Dichtung, wobei durch geeignete Maßnahmen eine Vorspannung gesichert wird, damit auch bei Sinken oder Ausbleiben des inneren Überdruckes noch Dichtheit besteht. Dichtungen dieser Art haben den grundsätzlichen Vorteil, daß ihre Dichtkraft mit dem abzudichtenden Druck wächst; Dichtkraft = Innenkraft.

Die selbsttätige Dichtung hat in manchen Bauformen die Vorzüge der Dichtung mittels aufgeschliffener Flächen, ohne so schwierig herstellbar zu sein.

Abb. 12 zeigt die sogenannte Kegelringdichtung, die für die höchsten Drücke angewendet wird und dann — besonders wenn es sich um Verschlüsse für große

Öffnungen handelt — durch den Entfall der schweren Schraubenverbindung wesentliche Vorteile (Materialersparnis) bringen kann.

Der Gefäßdeckel a wird durch den Innendruck an den Keil-Dichtungsring b gepreßt. Die eine Komponente dieser Kraft wirkt radial auf den Mantel des Gefäßes, die andere ist axial gerichtet und wird durch einen mehrteiligen Haltering c aufgenommen und durch Versatz wieder auf das Gefäß übertragen. Die Mutter d dient zur Herstellung einer (geringen) Vorspannung und zum Lösen des Verschlusses (der mehrteilige Haltering kann leicht herausgenommen werden).

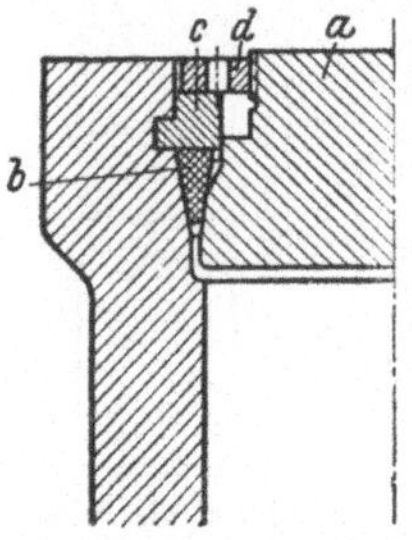

Abb. 12. Kegelringdichtung. a Gefäßdeckel; b Keildichtung; c Haltering (mehrteilig); d Mutter.

Auch eine elastische Lippendichtung kann zur Abdichtung des Spaltes zwischen den Dichtflächen (Dichtspalt) herangezogen werden (Abb. 13); die Lippe legt sich unter Einwirkung des Innendruckes dichtend über den Spalt.

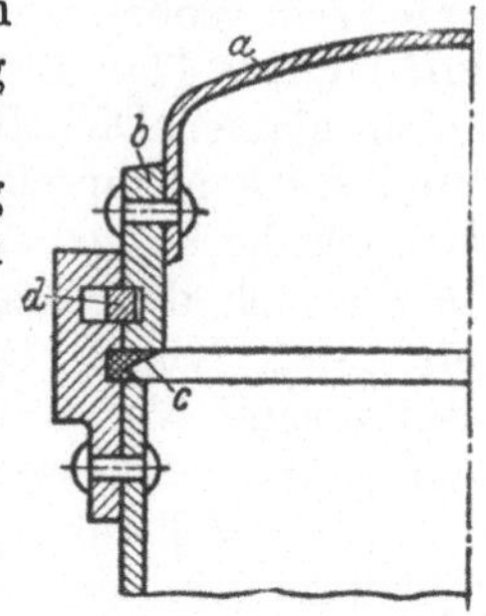

Abb. 13. Lippendichtung. a Gefäßdeckel; b Deckelring; c Lippendichtung; d Füllring.

Aber auch normale Weichdichtungen (Abschnitt 8) können gemäß ihrer konstruktiven Anordnung als selbsttätige Dichtungen wirken (Beispiel: normaler, von innen durch den Betriebsdruck angepreßter Mannlochdeckel!).

Für die grundsätzliche Wirkungsweise (Herstellung des Leckquerschnittes Null) ist es gleichgültig, in welcher Art die Dichtkraft aufgebracht wird; es sind sehr viele „gemischte Wirkungsweisen“ vorhanden (z. B. selbsttätige Dichtung mit Vorspannung!). Es werden daher im folgenden nach der grundsätzlichen Wirkungsweise zwei Hauptgruppen unterschieden: Flachdichtungen und Formdichtungen. Zu ersteren werden auch die aufgeschliffenen Dichtflächen und die Metall-Weichstoffdichtungen gezählt.

B. Flachdichtungen.

6. Aufgeschliffene Dichtflächen werden aus sauber bearbeiteten Dichtflächen durch Aufschleifen von Hand (bei Massenherstellung auch mit Maschinen) unter Verwendung von Schleifpasten in bekannter Weise hergestellt (Aufschleifen von Ventilsitzen!).

Ihre Vorteile sind: leichte Lösbarkeit (beliebig oft), fast genaues Einhalten der Maße der Verbindung (da die Verformung meist vernachlässigbar klein ist), Vermeiden des Schiefziehens, unter Umständen Beweglichkeit der Verbindung, keine Verunreinigung des Betriebsstoffes durch Teile der Dichtung und keine Gefahr der plötzlichen Zerstörung.

Seit langem wird diese Dichtart besonders bei geteilten Gehäusen von Dampfturbinen und bei Zylinderdeckeln von Kolbendampfmaschinen verwendet, oft gleichzeitig mit einer Graphit-Ölpaste und Zwischenlage einer Asbestschnur, die auf etwa 1/10 mm zusammengepreßt wird. Die gute Beschaffenheit der Dichtflächen und damit die Geringfügigkeit der auszugleichenden Unebenheiten ermöglicht die geringe Dicke der Dichtung. Diese Dichtverbindung wird auch für Hochdruckdampfrohrleitungen empfohlen.

Die Dichtkraft kann auch durch kegelförmige Ausbildung der Dichtflächen vergrößert werden, was häufig bei Verschraubungen angewendet wird.

Versuche über das Verhalten von aufgeschliffenen Flächen haben ergeben, daß deren Dichtheit, wenn die Flächen trocken bleiben, schlecht ist, auch wenn die Dichtpressung hoch gehalten wird. Dichtflächen, die feinst bearbeitet (geläppt) sind, verhalten sich anders, sind aber als Dichtflächen für den allgemeinen Maschinenbau vorläufig selten. Schmierung der Dichtflächen mit Fett, Graphit, Öl, Graphitwasser u. ä. verbessert die Dichtheit.

7. Dichtkitte sind gewissermaßen eine zwischen den Dichtflächen selbst hergestellte Dichtungsplatte. Gute Dichtkitte dürfen unter den wechselnden Betriebsbedingungen (Änderung von Druck, Feuchtigkeit und Temperatur) weder reißen, noch erweichen oder abbröckeln; sie dürfen durch den chemischen Einfluß des Betriebsmittels nicht zersetzt werden.

Am häufigsten werden Mangankitte (schwarze, braune, graue) verwendet; die blei- und giftfreien Mangan-Flächenkitte verhindern die Rostbildung, sie greifen Metalle nicht an.

Dichtkitte werden vor allem bei unebenen Dichtflächen (Risse) und bei provisorischen Abdichtungen verwendet. Sie werden entweder zusammen mit Zwischenlagen (Wellblechringe, Drahtnetze, Hanf- und Asbestfäden) oder ohne solche angewendet. Zwischenlagen erhöhen die Festigkeit der Kittdichtung.

Die Kittdichtung wird hergestellt, indem der gut durchgeknetete Kitt auf einer glatten Fläche zu einer Schnur gerollt wird (evtl. unter Zusatz einiger Tropfen Leinöl) und dann auf die gründlich gereinigte Fläche aufgelegt und angedrückt wird. Beim Anziehen der Schrauben drückt sich der Kitt in alle Unebenheiten ein; Kitt ist in möglichst dünner Schicht zu verwenden. Beim Inbetriebnehmen der Leitung entsprechend nachziehen; späteres Nachziehen ist zu vermeiden. Durch Wärme erhärtet der Kitt rasch, soll aber dauernd eine gewisse Elastizität bewahren.

Kittdichtungen, die höheren Temperaturen ausgesetzt sind, sollen gegen das Festbrennen durch Einreiben der Dichtflächen mit Graphit oder Talkum geschützt werden.

Außer den Mangankitten gibt es noch eine Reihe von Sondererzeugnissen.

8. Weichdichtungen. Als Werkstoffe kommen Leder, Fiber, Asbest, Kork, Gummi, It-Stoffe, Papier und Austauschstoffe in Betracht.

a) I t - S t o f f e sind aus Asbest, Kautschuk (als Bindemittel) und Zusatzstoffen (meist Mineralien, zur Erhöhung der Festigkeit) aufgebaute Dichtungsstoffe. Die einzelnen Bestandteile bestimmen die Eigenschaften (langfaseriger, reiner Asbest, keine Verwendung von organischen Faserstoffen, geeignete Wahl der Füllstoffe, z. B. Schwerspat zum Ausfüllen der Poren, richtiger Kautschukgehalt). Besonders der Kautschukgehalt[1] ist wichtig: steigender Kautschukgehalt erhöht die Festigkeit, gleichzeitig aber auch den Glühverlust, d. h. den Anteil der bei hohen Temperaturen verschwelenden oder verbrennenden Massen. Soll die Dichtung bei hohen Drücken gleichzeitig auch hohen Temperaturen standhalten, so darf daher der Kautschukgehalt nicht zu hoch sein. Ein Maß für das Verhalten der It-Stoffe bei höheren Temperaturen ist der erwähnte Glühverlust, der meistens bei 1000^0 ermittelt wird. Da die It-Stoffe wegen ihres Gummigehaltes für diese Temperatur nicht mehr in Frage kommen, wäre es vorteilhafter, den Glühverlust bei der tatsächlichen Betriebstemperatur zu bestimmen (z. B. bei 300, 400, 500^0); der bei 1000^0 ermittelte Glühverlust gibt unter Umständen ein falsches Bild in bezug auf die Betriebsbewährung. Geringer Glühverlust kann auch durch zu reichliche Beimischung von Füllstoffen und sehr geringen Gummigehalt bedingt sein und ist dann natürlich schlecht, weil die Festigkeit in diesem Fall zurückgeht. Auch ein niedriges spezifisches Gewicht ist kein eindeutiges Gütemerkmal, weil es durch Auswalzen der Platten mit geringer Pressung erreicht werden kann; die Platten sind dann zu

[1] Durchschnittswerte: Asbestgehalt 60 bis 90%, Kautschuk 8 bis 12%.

weich. Eine richtige Prüfung eines solchen Dichtungswerkstoffes müßte die Festigkeit, das spezifische Gewicht, den Glühverlust und die Spaltbarkeit (Bindung der einzelnen Schichten) umfassen. Lassen sich die Asbestfasern leicht freilegen, so ist die Bindung eine ungenügende. Praktisch sehr gut ist jedenfalls die Prüfung der Widerstandsfähigkeit gegen überhitzten Dampf.

Für bestimmte Fälle (sehr geringe Dichtungsbreite und hohe Beanspruchung) ist es vorteilhaft, sogenannte kreuzgeklebte Platten zu verwenden. Bei diesen liegen die Fasern der einzelnen Schichten senkrecht zueinander.

Asbest und Kautschuk sind großteils ausländische Rohstoffe; bei der Verwendung von Dichtungen aus diesen Rohstoffen ist daher auf die behördlichen Vorschriften zu achten.

It-Stoffe werden auch mit Drahtgewebeeinlage geliefert. Das soll die Festigkeit erhöhen und mehrmalige Verwendung ermöglichen. Es bestehen jedoch folgende Bedenken: die Metalleinlage hat einen anderen Temperatur-Ausdehnungsbeiwert als die Dichtungsmasse, so daß Gefügeänderungen der Dichtungsplatte nicht ausgeschlossen erscheinen; weiter kann das Messingdrahtgewebe bei hohen Temperaturen ausglühen.

Für höhere Temperaturen sind ebenfalls It-Stoffe in Gebrauch, die aber gummifrei sind. Ebenso sind solche Dichtungen erhältlich, die gegen die verschiedenartigsten chemischen Einflüsse widerstandsfähig sind.

Untersuchungen an It-Stoffen ergaben, daß die notwendigen Anpreßkräfte bei 200^0 geringer sind als bei Raumtemperatur (20^0), daß sie aber bei 300^0 von Versuchsreihe zu Versuchsreihe immer mehr ansteigen; Ursache ist die beginnende Zerstörung der Dichtungen durch Ausbrennen des Kautschuks.

Das Verhältnis der bezogenen Flächenpressungen p_d/p_i liegt bei den It-Stoffen recht günstig (Abb. 9). Die Abbildung stellt diejenigen Werte von P_k/P_i bzw. p_d/p_i dar, bei welchen bei den Versuchen gerade Undichtheit auftrat! Bei den üblichen Flanschverbindungen mit It-Stoffen beträgt bei ebenen Flanschen das Verhältnis p_d/p_i etwa drei, bei Flanschen mit Vor- und Rücksprung etwa fünf und bei Flanschen mit Feder und Nut etwa acht; diese Werte liegen also weit über den versuchsmäßig festgestellten, für die Dichtheit tatsächlich notwendigen Werten! Das ist auch bei der Beurteilung der folgenden Versuchsbilder zu beachten.

Auszug aus den Bedingungen der DRB für Dichtungen aus It-Stoffen: „Die Dichtungsplatten und -ringe sind gleichmäßig stark aus langfaserigem Asbest, einem hauptsächlich aus Kautschuk bestehenden Bindemittel und Eisenoxydrot oder Graphit als Farbpulver herzustellen. Zusätze anderer Stoffe, insbesonders von verbrennbaren Fasern und Schwerspat, sind nicht zulässig. Der Asbestgehalt soll mindestens 85% betragen. Der Gehalt an schwefelsaurem und kohlensaurem Kalk, herrührend aus natürlichen Beimengungen des Asbestes, darf insgesamt höchstens 3% betragen. Das Raumeinheitsgewicht darf 1,80 nicht überschreiten. Die zum Spalten der Platte in zwei Schichten erforderliche Kraft muß bei 3 cm Breite des Streifens mindestens 3 kg betragen. Die Zerreißfestigkeit muß in beiden Richtungen bei einer Einspannlänge von 5 cm mindestens 300 kg/cm² Querschnitt (Plattendicke mal Eispannbreite) betragen. Der Glühverlust darf höchstens 25% betragen. Für die Stärke der Platten und Ringe ist ein Abmaß von +0,10 mm zugelassen."

b) G u m m i ist ein für Dichtungen sehr wichtiger Werkstoff, besonders seitdem außer dem Naturkautschuk auch der synthetische Kautschuk als Ausgangswerkstoff dient. Außer als Flachdichtung wird Gummi viel zu Formdichtungen (Abschnitt 11), Muffendichtungen (Abschnitt 18) und selbsttätigen Dichtungen (Stulpdichtungen, Abschnitt 32) verwendet.

Einige physikalische Eigenschaften, die für die Verwendung als Dichtung wichtig sind, gibt Tabelle 1. Gummi-Flachdichtungen ergaben bei Versuchen

Tabelle 1. Einige physikalische Eigenschaften der Weichgummisorten (Richtwerte)[1]

Nr.	Gummisorte	Verwendungstemperatur[2]		Gasdurchlässigkeit[3]		Wasser dampfdurchlässigkeit[4]
		dauernd etwa °C	vorübergehend, unter besonderen Betriebsbedingungen und besonderen Mischungen erreichbar etwa °C	Luft D	CO_2 D	W
1	Naturgummi	—30 bis + 60	— 65 bis + 100	3,0	36	2 bis 8
2	Buna S-Gummi	—25 bis + 75	— 50 bis + 120	3,0	36	5 bis 10
3	Buna SS-Gummi . . .	—20 bis + 75	— 35 bis + 120	0,6	7	3 bis 8
4	Perbunan-Gummi . . .	—25 bis + 85	— 50 bis + 150	0,6	7	10 bis 12
5	Perbunan extra-Gummi .	—20 bis + 80	— 30 bis + 100	0,3	4	7 bis 10
6	Gummi aus					
	Perduren G	—15 bis + 50	—	—	—	3 bis 8
	Perduren H	—15 bis + 50	—	—	—	3 bis 8
	Thiokol A	—15 bis + 50	—	0,2	2	3 bis 8

[1]) Aus: VDI-Richtlinien „Gestaltung und Anwendung von Gummiteilen", Ausgabe Oktober 1942, VDI-Verlag, Berlin.

[2]) Die angegebenen Grenzwerte bei hohen und tiefen Temperaturen können von einer Gummimischung nicht gleichzeitig erreicht werden. Es gibt Sondermischungen, die über die angegebenen Grenzwerte hinaus verwendbar sind.

[3]) D = Gasdurchlässigkeit in (cm^3 Luft oder CO_2 je Stunde, cm^2 Oberfläche und cm Dicke) · 10^{-6}, gemessen bei 2 atü und 20° C an Platten von 1 mm Dicke.

[4]) W = Wasserdampfdurchlässigkeit in (g Wasser je Stunde, cm^2 Oberfläche, cm Dicke und mm QS Partialdruckdifferenz) · 10^{-8}, gemessen an Platten von 1 mm Dicke.

günstige Werte für die bezogenen Flächenpressungen (Abb. 14). Zu vermeiden ist: Kerbwirkung durch scharfe Ecken (Abb. 15 und 16) und seitliches Herausdrücken; daher sind Flansche mit Vor- und Rücksprung zu verwenden, wobei aber auf die Ausweichmöglichkeit des Gummis zu achten ist (siehe Gummi-Formdichtungen, S. 15) oder die Flanschen mit Dichtrillen zu versehen sind (sehr eng nebeneinander angebrachte Rillen können unter Umständen die Dichtung zerstören!).

Gummidichtungen werden mit oder ohne Einlage von Leinwand oder Draht hergestellt.

Für die Dicke der Gummidichtungen wird bei unbearbeiteten, nicht ebenen Dichtflächen mindestens 2,5 mm, bei ebenen, gut bearbeiteten Dichtflächen mindestens 1 mm und für Gummidichtungen mit Gewebeeinlagen mindestens 2 mm empfohlen.

c) Leder. Lederdichtungen zeigen ähnliches Verhalten wie Gummidichtungen. Die bezogenen Flächenpressungen sind meist kleiner als 1. Ein Hauptanwendungsgebiet sind die Stulpdichtungen (s. Abschnitt 32).

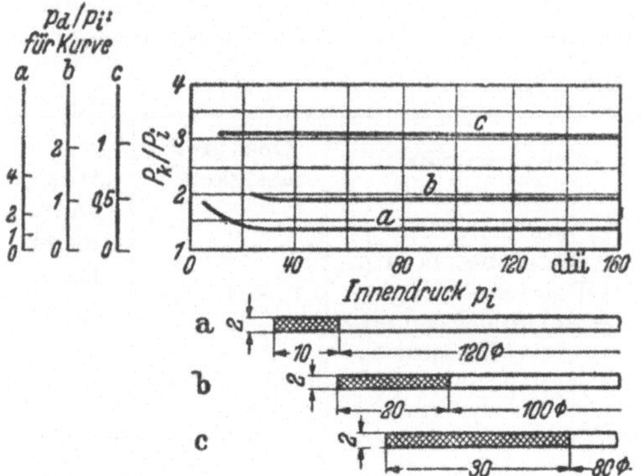

Abb. 14. Einfluß der Dichtungsbreite auf Kennzahl P_k/P_i und bezogene Flächenpressung p_d/p_i einer Flachdichtung aus Gummi (nach Raible). Flanschform A (Abb. 10).

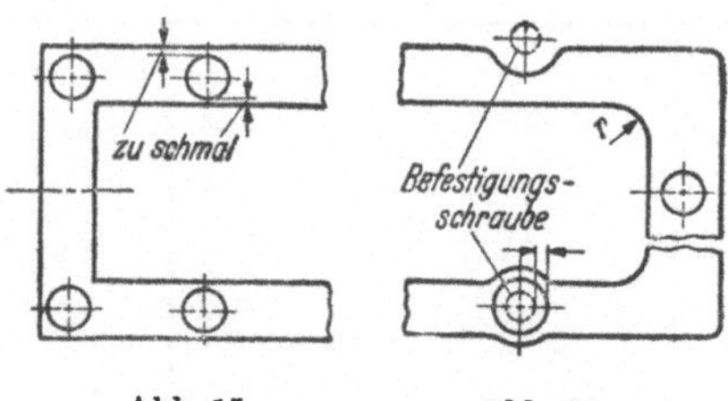

Abb. 15. Abb. 16.

Abb. 15/16. Gestaltung einer Flachgummidichtung (nach VDI-Richtlinien „Gestaltung und Anwendung von Gummiteilen").
Abb. 15. Falsch: Scharfe Ecken, Löcher zu dicht an den Kanten.
Abb. 16. Richtig: Ecken ausgerundet, genügende Entfernung des Lochrandes von der Dichtungskante.

d) Fiber (Vulkanfieber) ist in Hydrozellulose übergeführter Zellstoff, stark hygroskopisch, in Wasser quellend; hart, biegsam und zäh; gut bearbeitbar.

e) Papier (Pappe) wird als Dichtungswerkstoff viel verwendet. Je nach den auszugleichenden Unebenheiten mehr oder weniger dicke Pappe bis dünnes Zeichenpapier; häufig Tränkung mit Öl, Firnis.

9. **Hartdichtungen** sind meist Metalldichtungen und werden je nach dem Verwendungszweck und geforderter Korrosionsbeständigkeit bzw. Warmdauerstandfestigkeit aus Aluminium, Blei, Kupfer, Rotguß, Nickel, Monelmetall, Weicheisen (Weichstahl) oder legiertem Stahl hergestellt.

a) Weichblei verhält sich als Dichtungswerkstoff sehr ähnlich wie die nichtmetallischen Weichdichtungen. Bei glatten Flanschen (ohne Vor- und Rücksprung) liegt die bezogene Flächenpressung p_d/p_i bei 1; bei Rillen in den Dichtflächen liegt p_d/p_i noch wesentlich tiefer ($\approx 0{,}5$). Eine größere Bedeutung als für Flachdichtungen hatte Blei — bis zum Verbote der Verwendung — für Muffendichtungen (siehe Abschn. 18).

b) Weichaluminium zeigt schon viel schärfer als Blei die kennzeichnenden Eigenschaften von Hartdichtungen: Ansteigen der Kennziffer P_k/P_i bzw. der Flächenpressungen p_d/p_i bei kleinen Drücken und günstiges Verhalten bei hohen Temperaturen.

Bei größeren Dichtungsbreiten ($\geq$10 mm) ergeben sich bereits ungünstige Kennwerte, während diese bei schmalen Dichtungen ($\approx$ 5 mm) günstig sind.

Aluminium hat als Austauschstoff für Blei auch für Muffendichtungen Bedeutung (s. Abschn. 18).

c) Weichkupfer ergibt als Flachdichtung bei Raumtemperatur infolge seiner größeren Festigkeit schon recht ungünstige Kennwerte. Bei höheren Temperaturen erniedrigen sich die Werte, doch ist Kupfer infolge des starken Nachlassens seiner Festigkeit bei hohen Temperaturen für diese auch wieder nicht brauchbar.

Bei Kupfer ist besonders auf die elektrolytische Spannungsdifferenz zwischen Eisen und Metall zu achten (Schutzüberzug aus Graphit).

d) Weicheisen. Weicheisen-Flachdichtungen sind naturgemäß nur bei kleiner Dichtungsbreite brauchbar. Auch dann ergeben sich bei Raumtemperatur noch sehr hohe Kennwerte (Abb. 17), die sich aber bei höheren Temperaturen wesentlich erniedrigen. Abb. 17 zeigt, daß bei einem Innendruck $p_i > 80$ atü P_k/P_i unter 3 sinkt und die Verbindung also brauchbar wird.

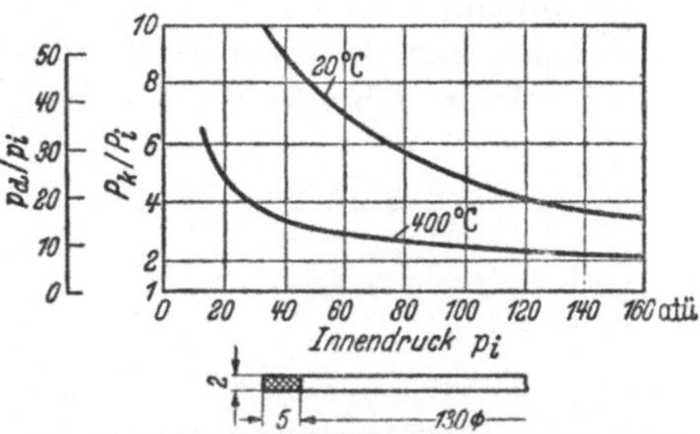

Abb. 17. Einfluß der Temperatur auf die Kennzahl P_k/P_i und die bezogene Flächenpressung p_d/p_i einer Flachdichtung aus Weicheisen (nach RAIBLE).

Legierter Stahl wird für Flachdichtungen selten verwendet.

Der Vorteil der Hartdichtungen liegt in der Beherrschung hoher Temperaturen. Bei niedrigen Drücken und Temperaturen sind sie im allgemeinen unwirtschaftlich. Hartdichtungen werden wegen ihrer schweren Verformbarkeit weniger als Flachdichtungen, sondern hauptsächlich als Formdichtungen (s. Abschnitt 12) verwendet (Linsendichtungen, Rillendichtungen, Wellblechdichtungen).

10. Metall-Weichstoff-Dichtungen. Diese Gruppe von Dichtungen hat viele Ausführungsmöglichkeiten. Als Weichstoffe werden Asbest, It-Stoffe, Leder, Gummi, synthetischer Kautschuk und andere Austauschstoffe, als Metalleinlage oder -umhüllung Kupfer, Messing, Blei, Leichtmetall, Nickel und Stahl verwendet. Die Oberfläche der Dichtung wird vielfach graphitiert oder metallisiert (Schutz).

Die Wirkungsweise ist meist so, daß der Weichstoff die Abdichtung besorgt, während der Metallteil für die notwendige Festigkeit sorgt.

Die Bauformen sind sehr mannigfaltig.

a) Wellringe mit Weichstoffauflage (Abb. 18). Der wellenförmige Metallrahmen ist mit Weichstoff schnurförmig belegt; er ist widerstandsfähig gegen Herausdrücken. Die Abdichtung erfolgt durch den Weichstoff; bei Überbeanspruchung der Dichtung durch zu starkes Zusammenpressen kommt aber das Wellblech zum Anliegen und übernimmt seinerseits einen Teil der Abdichtung, wobei aber die notwendige Anpreßkraft bzw. das Verhältnis P_k/P_i stark ansteigt. Besonders für größere Dichtflächen geeignet. Schutz des Werkstoffes vor dem Betriebsstoff durch Einfassungen (Abb. 18b). Eignung für beliebige Dichtflächenformen (Rechteck, Unterteilung der Dichtfläche u. a.).

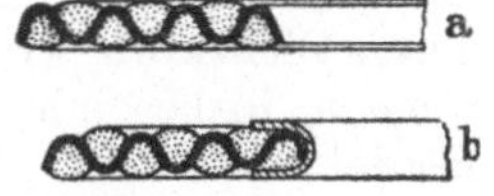

Abb. 18. Wellringe mit Weichstoffauflage. a ohne Metalleinfassung. b mit Metalleinfassung.

b) Weichstoffringe mit Metalleinfassung (Abb. 19). Abdichtung durch den Weichstoff, der unmittelbar an den Dichtflächen anliegt. Innere Einfassung a schützt gegen die Einflüsse des Betriebsstoffes; äußere Einfassung b gegen Witterungseinflüsse oder als Schutz gegen Herausdrücken sehr nachgiebiger Weichstoffe (Gummi). Wenn beide Gesichtspunkte zusammentreffen, dann innere und äußere Einfassung c.

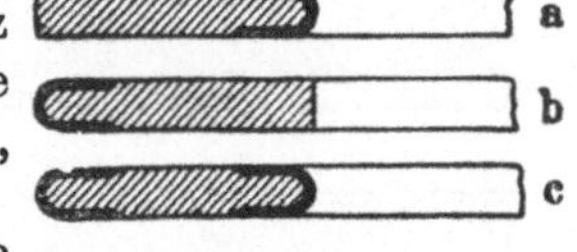

Abb. 19. Weichstoffringe mit Metalleinfassung. a innere Einfassung. b äußere Einfassung. c innere und äußere Einfassung.

Sonderform: Zellringdichtung (DRP. 686556). Diese besteht aus einzelnen, in den Durchmessern genormten Ringen konstanter Breite, die ineinander gesteckt werden können. Damit können Dichtungen mit verschiedener Dichtungsbreite bei beliebigen Außendurchmessern aufgebaut werden und nachträglich, durch Hinzufügen oder Wegnehmen von Ringen die bezogene Flächenpressung p_d/p_i den jeweiligen Verhältnissen angepaßt werden (Abb. 20).

c) Metallummantelte Weichstoffringe (Abb. 21). Sehr zahlreiche Ausführungsformen. Die Dichtung besteht aus Weichstoff, der vollständig oder fast vollständig von einem Metallmantel umschlossen wird. Hier dichtet der Metallbelag, der genügend angepreßt werden muß, um die Unebenheiten der Dichtflächen auszufüllen.

Versuche mit solchen Dichtungen zeigen ein starkes Streuen der Versuchspunkte. Es handelt sich bei diesen, aus zwei gänzlich verschiedenen Werkstoffen bestehenden

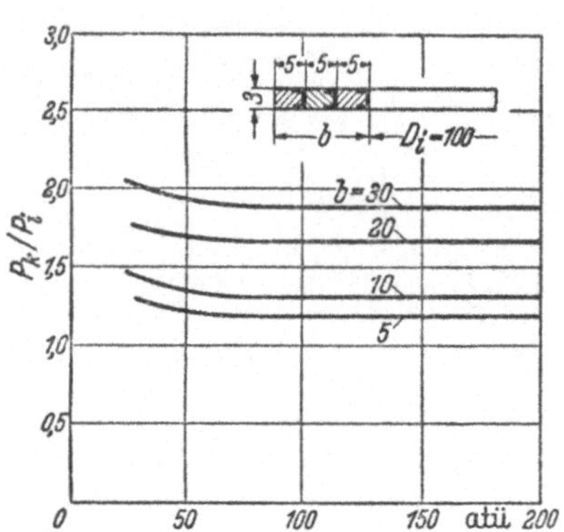

Abb. 20. Einfluß der Ringzahl auf die Kennzahl bei der Zellringdichtung (nach Goetzewerk).

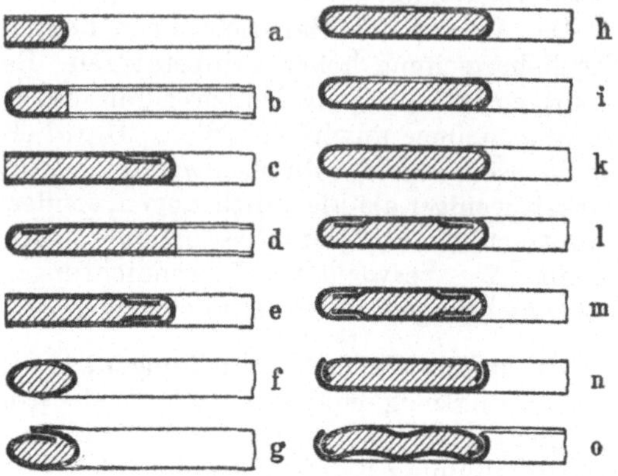

Abb. 21. Metallummantelte Weichstoffringe: a außen offen (einteilig); b innen offen (einteilig); c außen offen (zweiteilig); d innen offen (zweiteilig); e außen offen (dreiteilig); f mit ovalem Querschnitt und offenem Stoß; g mit ovalem Querschnitt und überlapptem Stoß; h mit offenem Stoß (einteilig); i einseitig (einteilig); k mit offenem Stoß (zweiteilig); l (zweiteilig); m (vierteilig); n (zweiteilig); o gewellt (zweiteilig).

Dichtungen eben um einen sehr inhomogenen (ungleichmäßig) aufgebauten Körper. Die Verformbarkeit ist an den verschiedenen Stellen sehr ungleich. Ein Hauptteil der aufgewendeten Dichtkraft wird zur Verformung (Zusammendrückung) der Einfassung verwendet, insbesondere wenn infolge mangelhafter Herstellung die Dichtung im Bördel stärker ist als im Weichstoffteil; letzterer erhält dann praktisch keine Flächenpressung. Das Versuchsergebnis dürfte für alle Metall-Weichstoff-Dichtungen kennzeichnend sein, bei denen das Metall in Form von Einfassungen u. dgl. angewendet wird. Der Vorteil dieser Dichtungen liegt dann eben nicht in einer niedrigen Kennzahl der Verbindung (diese ist meist ziemlich hoch), sondern in der Haltbarkeit hochbeanspruchter Dichtungsstellen bei verwickelten Dichtflächen oder stark angreifenden Betriebsstoffen.

d) Weichstoff mit Metalleinlagen (Abb. 22). Auch hier gibt es die verschiedenen Ausführungsformen. Es kann z. B. auf eine fein gezackte Stahlseele beiderseits Asbest aufgewalzt werden (a), oder ein Drahtgeflecht erhält Dichtmasse (z. B. It-Masse) eingepreßt (b). An Stelle von Drähten werden auch Drahtlitzen verwendet. Ein anderes Dichtungsgewebe dieser Gruppe besteht aus Metalldrähten als Kettfäden und Asbestfäden mit Metallseele als Schußfäden; die Poren werden noch durch einen dünnen Überzug aus Asbestfasern ausgefüllt.

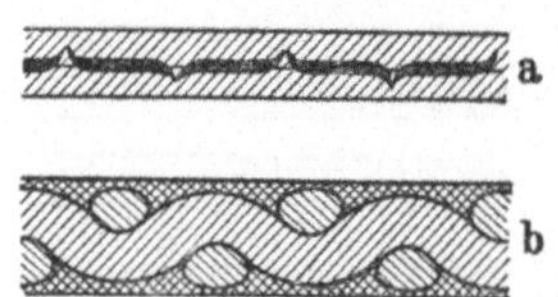

Abb. 22. Metall-Weichstoff-Dichtungen: a feingezackte Stahlseele mit beiderseits aufgewalztem Asbest. b Drahtgeflecht mit eingepreßter Dichtmasse.

Naturgemäß stehen den genannten Vorteilen (besonders Haltbarkeit) auch Nachteile gegenüber, und zwar: bei ummantelten Dichtungen ungenügende Ausfüllung der Unebenheiten der Dichtflächen durch die verhältnismäßig starken Bleche bzw. Bördel, Verziehen (Verspannen) der Teile infolge örtlich verschiedener Flächenpressungen, zu hoher Anstieg der Dichtpressung an den Bördelstellen und

Formänderungen der Dichtflächen, Zerstörung durch Ablösen des Bördels von der Dichtung, Ermüdungserscheinungen der Bördelbleche bei oftmaligem Erwärmen und Abkühlen; bei Weichstoffen mit Metalleinlagen: Unterbindung des Wärmeflusses zwischen den Dichtflächen. Anbacken gummihaltiger Dichtstoffe an sehr heißen Dichtflächen, starkdrähtiges Gewebe macht die Dichtung hart und unelastisch, schlechte Bindung des Drahtgewebes mit den Füllstoffen (ungleiche Wärmeausdehnung von Netz- und Füllstoff, Bildung von Kriechwegen), bei Drahtlitzengeweben besteht die Gefahr von Kriechwegen zwischen den Litzen, Trennung des Weichstoffbelages vom Gewebe, Schädigung der Dichtung durch den Betriebsstoff (keine schützende Einfassung).

C. Formdichtungen.

Formdichtungen sind so gestaltet, daß sie bereits bei geringen Dichtkräften elastische (vorübergehende) oder plastische (dauernde) Formänderungen erleiden (bei wiederholtem Gebrauch der Dichtung ist Wert auf geringe dauernde Formänderungen des Werkstoffes zu legen). Querschnitte, die dieser Forderung entsprechen, sind: sehr schmale Rechtecke (z. B. Kreuzquerschnitt, Abb. 23a), Spießkant b, Flachspießkant c, Linse d, Kreis e, Kreisring f, Rillen g.

Formdichtungen können Weichdichtungen und Hartdichtungen sein.

Abb. 23. Querschnitte von Formdichtungen: a Kreuzquerschnitt; b Spießkant; c Flachspießkant; d Linse; e Kreis; f Kreisring; g Rillen.

11. Weichdichtungen. Diese Dichtverbindungen sind grundsätzlich so zu gestalten, daß nach dem Ausgleich der Unebenheiten der Dichtflächen ein weiteres Ausweichen des Dichtungsstoffes verhindert wird. Der Verformungsweg (Unterschied des Dichtungsquerschnittes vor und nach dem Anziehen der Dichtverbindung) muß dabei um so größer gewählt werden, je größere Unebenheiten der Dichtflächen auszugleichen sind.

Um als Formdichtung wirken zu können, muß dem Dichtungswerkstoff eine genügende Ausweichmöglichkeit gegeben werden, die aber im allgemeinen nicht unbegrenzt sein darf, da sonst ein Herausdrücken des Dichtungswerkstoffes erfolgen kann. Je besser bearbeitet die Dichtflächen sind, desto enger begrenzt kann die Ausweichmöglichkeit sein, während sie z. B. bei unbearbeiteten Dichtflächen, wie gegossenen, eventuell unrunden Nuten (Abb. 24a/b und 25) nicht scharf begrenzt sein darf.

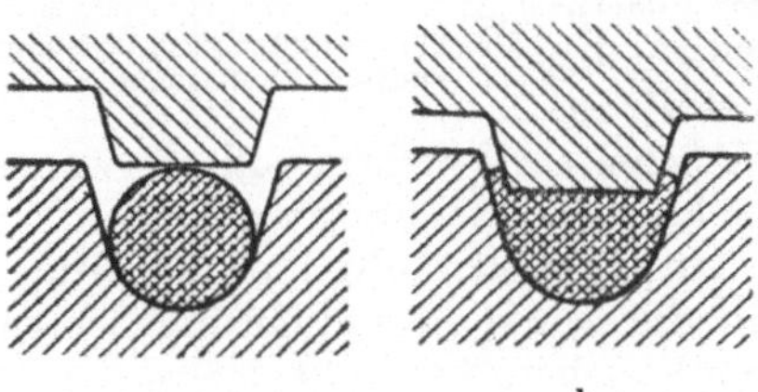

Abb. 24[1]. Nicht völlig eingebaute Profildichtung aus Rundgummi. a vor dem Anziehen, b nach dem Anziehen.

Eine unnötig große Formänderung der Dichtung kann auch durch Begrenzung des Anzuges vermieden werden (Abb. 25). Mit dieser Ausführung ist auch der Vorteil einer unveränderlichen Lage der abdichtenden Teile gegeneinander verbunden; eine Nachziehmöglichkeit besteht allerdings nicht.

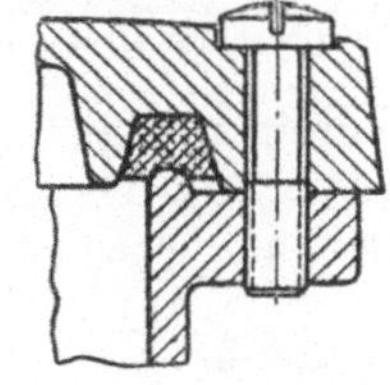
Abb. 25. Dichtung mit begrenztem Anzug.

[1] Abb. 24...29 nach VDI-Richtlinien „Gestaltung und Anwendung von Gummiteilen".

Je weniger begrenzt das Ausweichen des Dichtungswerkstoffes ist, desto weniger wird dieser zur eigentlichen Abdichtungsaufgabe ausgenützt; die freiliegende Formdichtung ist in dieser Hinsicht am ungünstigsten.

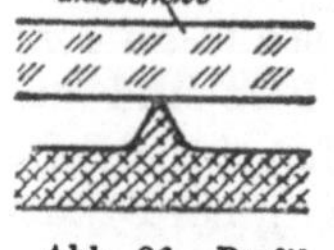

Abb. 26. Profildichtung für sehr geringe Dichtungsdrücke.

Je größer der Verformungsweg bei einer Formdichtung ist, desto kleiner ist der beim Beginn des Anziehens anzuwendende Druck. Mit kleiner werdendem Widerstandsvermögen des Dichtungsquerschnittes sinkt der notwendige Anpreßdruck noch weiter (Kreisringquerschnitt anstatt Kreisquerschnitt). Eine Gummiprofildichtung (Profilschnur) für sehr geringen Dichtungsdruck zeigt Abb. 26.

Der Dichtungsring ist gegen Verlagerung zu sichern (Abb. 27a/b).

Diese Dichtungen werden vor allem aus Gummi gefertigt (siehe auch Abschn. 18a), aber auch aus anderen Werkstoffen, z. B. Asbest.

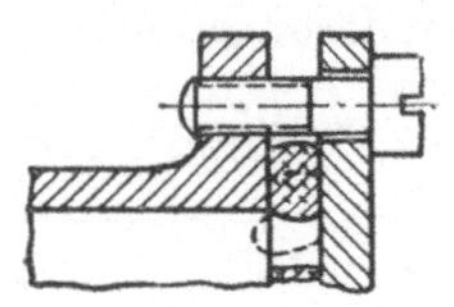

a

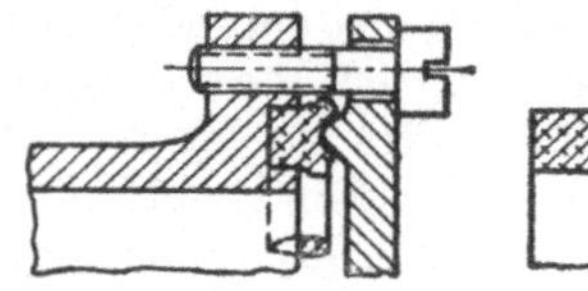

b

Abb. 27. Sicherung des Dichtungsringes gegen Verlagerung.
a Falsch: Im senkrechten glatten Flansch läßt sich der Gummiring schlecht einlegen.
b Richtig: Ring wird in eingedrehter Nut gehalten. Dichtungsring am Flansch vermindert die notwendige Dichtkraft, Verwendung kleinerer Schrauben möglich.

Gummi zeichnet sich durch leichte Verformbarkeit aus, sein Verhalten unter Druckbeanspruchung gibt Abb. 28 wieder: die Formänderung erreicht erst nach geraumer Zeit ihren Endwert; nach Entlastung bleibt ein Formänderungsrest, der aber verhältnismäßig klein ist.

Bauformen: Verwendet werden meistens Formdichtungen in Gestalt fertig vulkanisierter Profilschnüre (Abb. 29). Diese haben den Vorteil, daß mit einer vorhandenen Schnurgröße d Dichtungsringe verschiedener Größe D hergestellt werden können (empfohlen wird $d : D \approx 1 : 8$). Die Schnur wird zuerst auf die gestreckte Länge zugeschnitten (Schnitt nach Abb. 29); nun werden die Stoßstellen miteinander verklebt. Inbetriebnahme nach 24 Stunden Trockenzeit (bloßes Aufeinanderlegen der Stoßstellen ist nur in ganz unwichtigen Fällen zu empfehlen).

Abb. 28. Belastungsverhalten von Gummi unter Druckbeanspruchung.

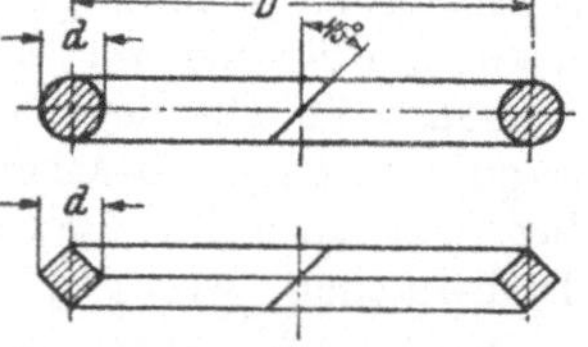

Abb. 29. Gestaltung von Dichtungen mittels Profilschnüren.

Wenn es aus Festigkeitsgründen notwendig ist, wird Weichstoff im Verein mit Stützringen aus Metall (Kupfer, Weicheisen, Leichtmetall) verwendet (Abb. 30). Das Bild gibt gleichzeitig ein Beispiel für die Trennung der beiden Aufgaben, die sonst der Dichtring vereinigt: Dichtung und Aufnahme des Innendruckes. Die Abdichtung wird durch die Formdichtung besorgt, die hier aus leicht verformbarem Weichstoff besteht; sie wäre nicht imstande, den Druck des Betriebsmittels aufzunehmen. Dies besorgt der (außen liegende) Stützring. Er schützt auch den Dichtring gegen Überbeanspruchung durch zu starke Dichtkraft und ist gleichzeitig zusätzliche Abdichtung, da die schmalen Dichtflächen des Stützringes bei starkem Anziehen noch beträchtliche Flächenpressungen erhalten und ebenfalls als Formdichtung (Hartdichtung!) wirken.

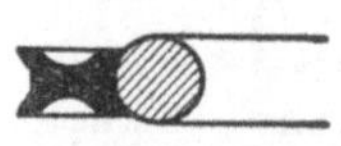

Abb. 30. Gummiring mit Metallstützring.

Häufig unterliegen Formdichtungen aus Weichstoff außer der äußeren Dichtkraft noch einer zusätzlichen, durch den Betriebsdruck, Abb. 31 (siehe auch Abschnitt 18, Gummi-Muffendichtung) sind also eine Vereinigung von Preß- und Kammerdichtung (selbsttätige Dichtung, Abschnitt 5).

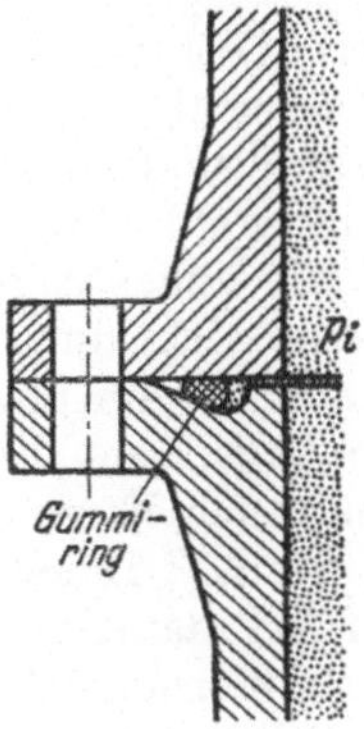

Abb. 31. Flanschdichtung mit Gummiring.

12. Hartdichtungen bilden in neuerer Zeit ein Hauptanwendungsgebiet der Formdichtungen, denn auch bei hoher Festigkeit des Dichtungswerkstoffes tritt bei scharfen Dichtungskanten Fließen des Werkstoffes und damit genaue Anpressung der Dichtflächen schon bei geringer Dichtkraft ein (Abb. 32). Naturgemäß ist bei dem an sich schon leicht verformbaren Spießkantquerschnitt der Einfluß der Temperatur gering.

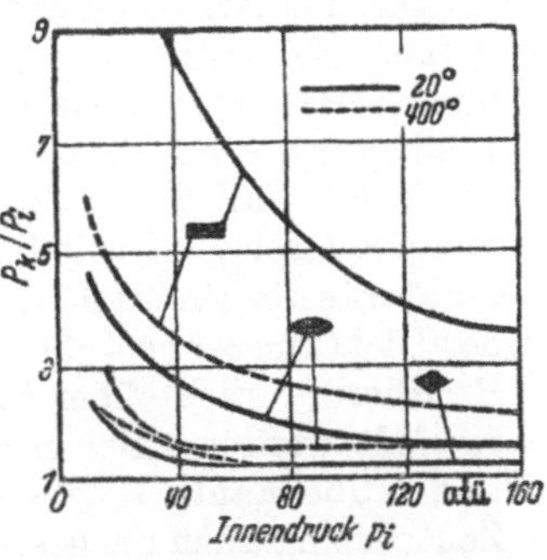

Abb. 32. Einfluß von Form und Temperatur auf die Kennzahl von Weicheisen-Dichtungen (nach RAIBLE).

Die meistverwendeten Querschnittsformen sind Rillenringe (kammprofilierte Metallringe) und Linsen.

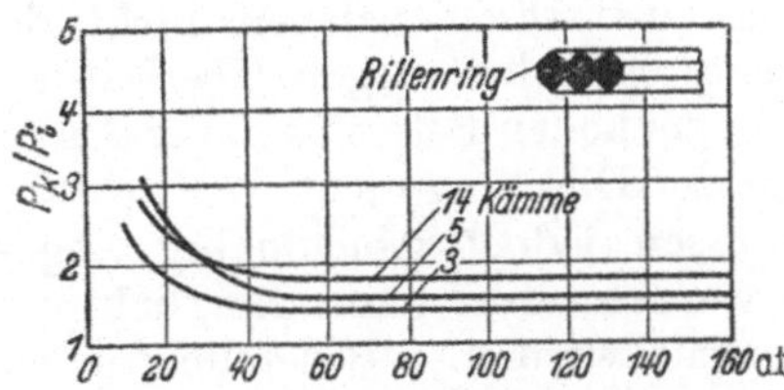

Abb. 33. Einfluß der Rillenzahl auf die Kennzahl von Formdichtungen aus Weicheisen (nach RAIBLE).

a) Rillendichtungen. Grundform ist der Spießkantquerschnitt. Rillendichtungen sind Metallringe mit mehreren gleichen Kämmen, deren Anzahl von Bedeutung ist. Bei zu vielen wird größere Dichtkraft nötig, da sie auf viele Auflagestellen verteilt wird, was die Kennzahl der Dichtverbindung verschlechtert (Abb. 33). Die Ringe bestehen entweder aus Weicheisen (Weichstahl) oder aus legiertem Stahl (Hartstahl). Ist die Dichtung — bei geringen Temperaturen — stark korrosionsgefährdet, so können als Werkstoffe für Rillendichtungen auch Leichtmetall, Kupfer, Blei gewählt werden. Bei Weicheisen ist die Härte des üblichen Flanschenwerkstoffes größer als die der Kämme; die Verformungen sind daher auf letztere beschränkt (siehe *f* in Abb. 1). Hartstahl-Rillendichtungen werden bei Flanschen aus ähnlichem Werkstoff verwendet. Geringe Verformungen treten dann sowohl im Dichtring als auch in den Dichtflächen auf. Ist der Dichtungswerkstoff wesentlich härter als der Flanschenwerkstoff, so bilden sich die Verformungen nur im Flansch (*f* in Abb. 1). Dabei ist zu beachten, daß bei Kaltverformung der verformte Werkstoff härter wird.

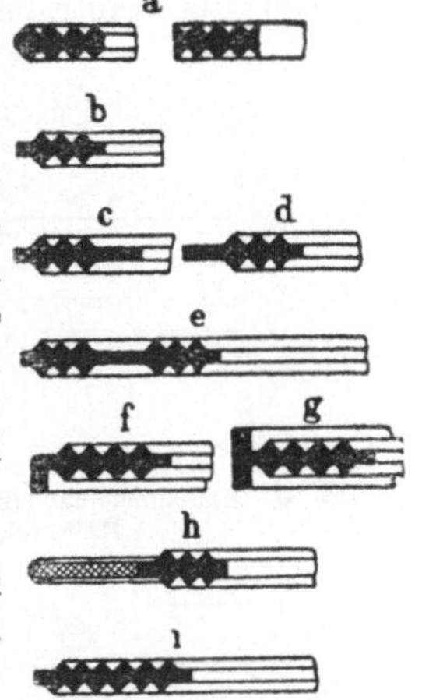

Abb. 34. Übliche Metall-Rillendichtungen: a einfache Ausführung; b mit Stoßrand; c mit innerem Zentrierrand; d mit äußerem Zentrierrand; e teilweise kammgeformt mit Stoßrändern; f mit einfachem äußeren axialen Zentrierrand; g mit doppeltem äußeren axialen Zentrierrand; h mit äußerem Weichstoff-Zentrierrand; i mit versetzten Kämmen.

Empfohlen werden mindestens fünf Kämme, eine Kammteilung zwischen 1 und 2 mm und eine Dichtungsdicke von 2 bis 5 mm. Eine Aufstellung der handelsüblichen kammgeformten Metallringe zeigt Abb. 34. Bei Rillendichtungen mit Auflagen, z. B. Asbest-Graphit, ist es wichtig, daß der Füllstoff, der zur Vermeidung von Korrosionen angewendet wird, die Formänderungen der eigentlichen Dichtung nicht infolge Erhärtens behindert, was die Kennzahl verschlechtern würde.

Die Flanschverbindung mit Rillendichtung setzt sehr saubere Dichtflächen voraus. Die Bearbeitung soll nur konzentrisch zur Flanschenachse erfolgen, um quer verlaufende Bearbeitungsriefen zu vermeiden. Die Werkstoffe sind so zu wählen, daß die Hauptverformung in der Dichtung eintritt. Die Rillenzahl wird so bestimmt, daß durch die Dichtkraft eine Eindringtiefe entsteht, die angenähert dieselbe Größe hat wie die Oberflächen-Ungenauigkeiten; sie wird also nicht durch die Breite der Dichtflächen bestimmt. Wichtig ist ferner, daß die Kammausführung der Dichtung sehr sorgfältig ist. Ein Zentrierrand sichert die richtige Lage, wenn die Profilierung nicht über die ganze Dichtungsbreite geht; evtl. kann auch Form e gewählt werden. Bei großen Temperaturunterschieden zwischen Flansch-Innen- und Außenkante ergeben sich große Wärmespannungen; man führt dann den Zentrierring auch als geschützten Weichstoffring aus. Diese Bauform h ermöglicht ein besonders rasches, einfaches und doch genaues Einbringen der Rillendichtung. Man kann auch zweiteilige Ausführungen wählen, wobei äußerer und innerer Ring entweder durch einen Weichstoffring verbunden sind oder nur ihre gegenseitige Lage durch Abstandhalter gesichert ist. Für Zentrierung an Dichtleisten dienen Form f und g. Versetzte Kämme i haben den Vorteil, daß die Dichtung durch Umdrehen zweimal verwendet werden kann.

Nach Firmenangaben besteht die Gefahr eines zu starken Anziehens nicht, da die Dichtung bei reichlicher Bemessung genügend Sicherheit gegen Überlastung bietet; auch ein Nachziehen warmfester Schrauben bei hohen Betriebstemperaturen schadet der Dichtung nicht. Die Schrauben müssen jedoch gleichmäßig angezogen werden, sonst kann die Dichtung zerquetscht werden. Rillendichtungen werden vor dem Einbau häufig mit kolloidalem Graphit bestrichen.

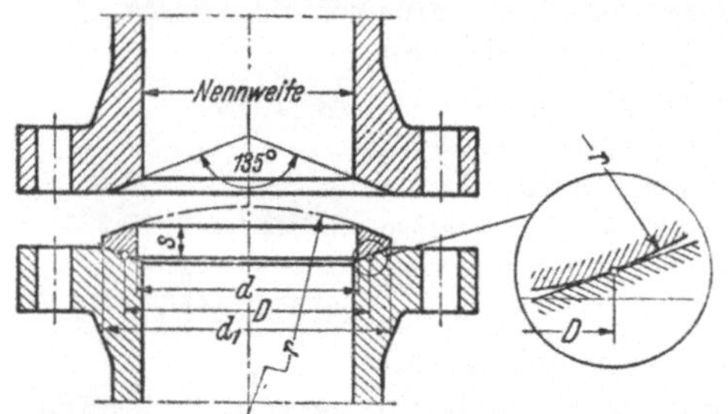

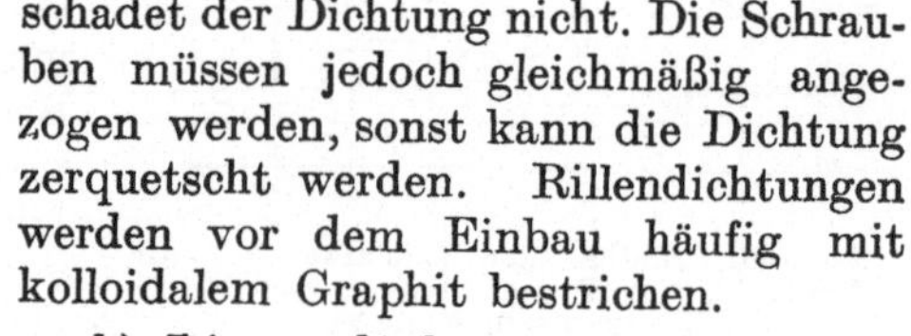

Abb. 35. Einbaubeispiel einer Linse; die eingetragenen Maße sind genormt.

b) Linsendichtungen. Die Dichtungslinse hat ballige Dichtflächen, die sich an kegelige Dichtflächen legen (Abb. 35). Außer der gewöhnlichen Linse (Abb. 36a) gibt es noch verschiedene Sonderformen. Form b für sehr hohe Kräfte besitzt einen Verstärkungsrand. c ist einseitig ballig, um Verschiebung der verbundenen Teile infolge Wärmedehnungen senkrecht zur Achse zu ermöglichen. Die Balglinse d ist für Fälle gedacht, in denen starke Temperaturschwankungen in der Flanschverbindung auftreten. Sinkt die Temperatur des Betriebsstoffes stark, so bleiben im allgemeinen die Schrauben und Flanschen viel länger warm als die Linse, die dadurch undicht wird. Bei der Balglinse wird ein Teil des Betriebsdruckes zur Verformung des Balges verbraucht und ein Teil preßt die Linsenhälften an ihre Gegenflächen. So wird der Gedanke der selbsttätigen Dichtung auf Linsen übertragen und eine Sicherheit gegen den Ausfall der äußeren Dichtkraft zu schaffen versucht.

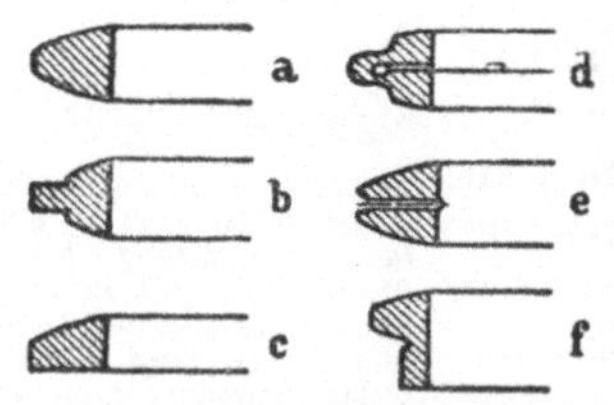

Abb. 36. Linsendichtungen: a übliche Linse; b Linse mit Verstärkungsrand; c Halblinse; d Balglinse; e Linse mit Radialbohrung; f Halslinse.

Linsen haben im nichtangezogenen Zustand Linienberührung. Im Betriebszustand geht diese durch die elastische und plastische Verformung der Linse in kreisförmige Dichtflächen von etwa 2 bis höchstens 3 mm Breite über. Ist diese Druckflächenbreite infolge zu starken Anziehens der Schrauben wesentlich größer, so leidet die dauernde Abdichtung. Erklärt wird das durch die starke Verformung (Schrumpfung) unter der übergroßen Dichtkraft. Es findet ein Gleiten der Linsendichtung an den Gegenflächen statt, wodurch ein richtiges Ausfüllen der Dichtflächenunebenheiten verhindert wird.

Die Kennzahl kann für Linsendichtungen mit 3 angenommen werden. Ein Vorteil ist, daß Ungenauigkeiten in der gegenseitigen Lage der Rohrenden ausgeglichen werden können. Die dann eintretende Schräglage der Flanschen zueinander ist aber für die Schraubenverbindung nachteilig und stets zu beachten.

Die Werkstoffe werden im allgemeinen so gewählt, daß die plastische Verformung sich auf die Linse beschränkt. Härterer Werkstoff hat dann Bedeutung, wenn die Linse durch hohe Anpreßkräfte stark beansprucht wird. Treten hohe Temperaturen auf, so müssen warmfeste Werkstoffe gewählt werden. Ungünstig ist, daß beim Ein- und Ausbau der Linsendichtung die Leitung auseinandergeschoben werden muß.

c) Andere Querschittsformen. In die Gruppe der Form-Hart-Dichtungen gehören auch, wie bereits erwähnt, Metallringe mit rundem, ovalem oder linsenförmigem Querschnitt, sowie Wellblechringe; weiter Dichtungen, die durch unmittelbar in die Flanschen eingearbeiteten Innenkegel bzw. balligen Außenteil dichten. Letztere haben zwar gute Einstellbarkeit, sind aber infolge der Verformung der Dichtflächen gegen wiederholtes Lösen empfindlich; Linsendichtungen mit Beschränkung der Verformung auf austauschbare Teile sind im allgemeinen vorzuziehen.

Wellblechdichtungen werden meist mit graphierter Weichstoffauflage verwendet (siehe Abschnitt 10a). Der Wellring darf aus Festigkeitsgründen kein scharfkantiges Wellenprofil haben und muß nahtlos sein, sonst tritt leicht Rißbildung auf.

D. Sonderformen der ruhenden Berührungsdichtungen.

Besonders für die Hochdrucktechnik haben sich neue Dichtungsformen herausgebildet. Im nachstehenden sind zwei Beispiele (Abb. 37 und 38) neuzeitlicher Deckelverschlüsse wiedergegeben, die nicht ohne weiteres den bisher besprochenen Dichtungsformen einzuordnen sind.

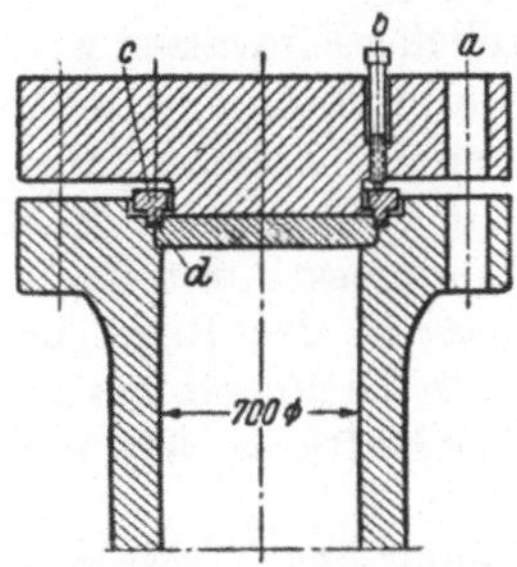

Abb. 37. Hochdruckgefäßverschluß der Flanschbauart (300 atü, 250°): a Deckelschrauben; b Anpreßschrauben für den Dichtring; c Dichtring; d Flachdichtung.

Gemeinsam ist beiden Konstruktionen die in ihren Auswirkungen überaus glückliche Trennung von Festigkeitsaufgabe (Aufnahme der Deckelkraft) und Dichtungsaufgabe. Erstere ist entweder durch die schwere Schraubenverbindung oder durch den Bajonettverschluß gelöst, letztere durch eine Flachdichtung mit Anpressung durch besondere Schrauben, wobei die von der üblichen Lage abweichende Lage des abzudichtenden Ringschlitzes zu beachten ist, oder mittels Stopfbüchsenring (zur Abdichtung des Spaltes zwischen Deckel und Gefäßwand).

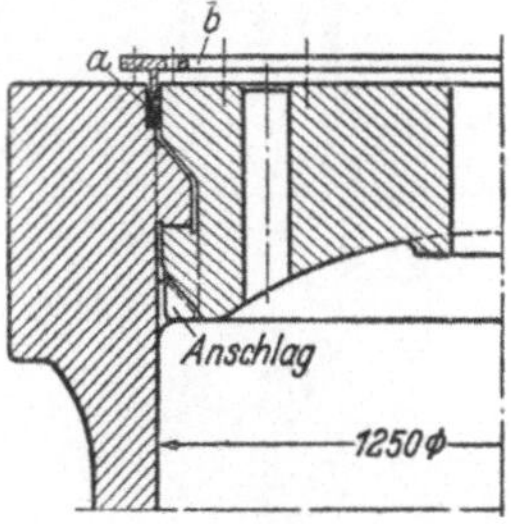

Abb. 38. Bajonettverschluß mit Stopfbuchsabdichtung (50 atü): a Stopfbüchsenpackung; b Brille.

Die stopfbüchsenähnliche Packung ist besonders bei größeren Verschiebungen der beiden Dichtflächen gegeneinander (z. B. Wärmedehnung von Einsatzbüchsen!) angebracht.

E. Dichtschweißungen.

Dichtschweißungen im eigentlichen Sinn: Zu dieser Gruppe gehören solche Verbindungen, bei welchen die Rohrkräfte unmittelbar durch die Rohrenden aufeinander übertragen werden; die Schweißung selbst ist von diesen Kräften vollständig entlastet. Diese Dichtverbindung hat nur mehr eine beschränkte Lösbarkeit durch Wegnahme der Schweißraupe. Bei Flanschverbindungen sind zwei Ausführungen bekannt. Bei der älteren Spitzlippenschweißung (Abb. 39) kann Wasser, das in den Raum, der unterhalb der Schweißraupe unvermeidbar bleibt, eindringt und dem der Rückweg aus irgendeinem Grunde versperrt wird, bei der Wiedererwärmung die Schweißung sprengen. Bei der neueren Hohllippenschweißung (Abb. 40) liegen die Verhältnisse viel günstiger. Diese Dichtungsart wird auch für Verschraubungen empfohlen. Durch eine Entlastungsbohrung wird eine unzulässige Drucksteigerung im Hohlraum der Schweißung verhindert.

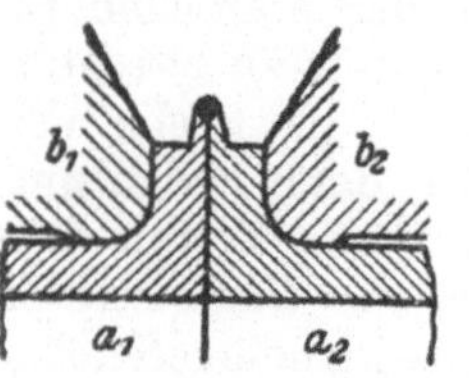

Abb. 39. Spitzlippenschweißung.

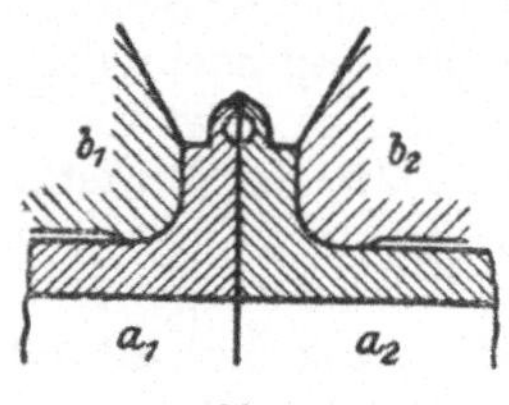

Abb. 40. Hohllippenschweißung.

Abb. 39/40. Dichtschweißung.

Schweißverbindungen: Der einfachste Fall ist die Stumpfschweißung der Rohrenden (Abb. 41). Die Verbindung ist unlösbar. Die Dichtheit der Schweißstelle ist für die Dichtheit der Verbindung maßgeblich. Diese Schweißung überträgt auch die Rohrkräfte (siehe auch Abschnitt 19 über geschweißte Muffenverbindungen). Weitere, verbesserte Ausführungsformen bringt die Fachliteratur.

Abb. 41. Schweißverbindung; Stumpfschweißung.

F. Einwalzen.

Eine unlösbare Dichtverbindung wie das Schweißen ist auch das außerordentlich viel angewendete Einwalzen von Rohren, Verschlüssen u. ä.

Durch das Einwalzen wird eine Verbindung zwischen Rohr und Rohrplatte hergestellt, die vollkommen dicht ist und eine bestimmte Haftkraft hat; in der Regel besteht gute Dichtheit bei genügender Haftkraft und umgekehrt.

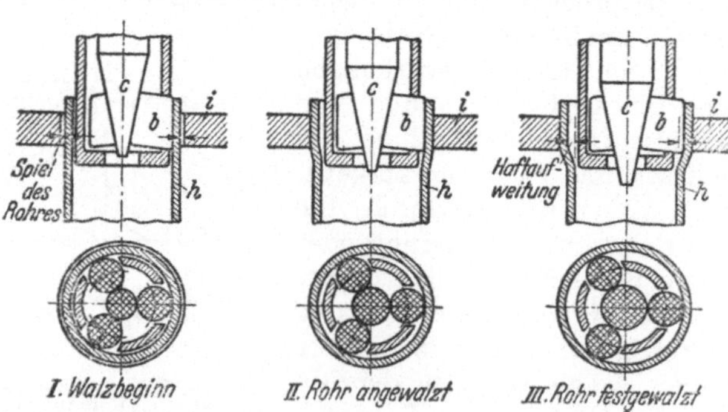

Abb. 42. Schematische Darstellung des Einwalzvorganges: b Rollen; c konischer Dorn; h Rohr; i Lochwand.

Vorgang des Einwalzens (Abb. 42): a) Anwalzen. Einsetzen des Rohres in die etwas weitere Bohrung und Aufweiten mittels der Rohrwalze bis zum Anliegen des Rohres in der Lochleibung. b) Festwalzen. Dem Rohr wird noch eine zusätzliche Aufweitung mittels der Walze erteilt; dabei wird auch der ursprüngliche Lochdurchmesser vergrößert („Haftaufweitung“) und das Rohr sehr stark gegen die Lochwand gepreßt, so daß alle noch vorhandenen Zwischenräume geschlossen werden (Ausfüllen der Unebenheiten der Dichtflächen durch das Material der Dichtflächen).

Der grundsätzliche Aufbau aller Rohrwalzen ist gleich; Abb. 43 stellt eine einfache Bauart (Schraubwalze) dar. Weitere Einzelheiten über das Einwalzen sowie verbesserte Bauarten der Rohrwalzen bringt die einschlägige Literatur.

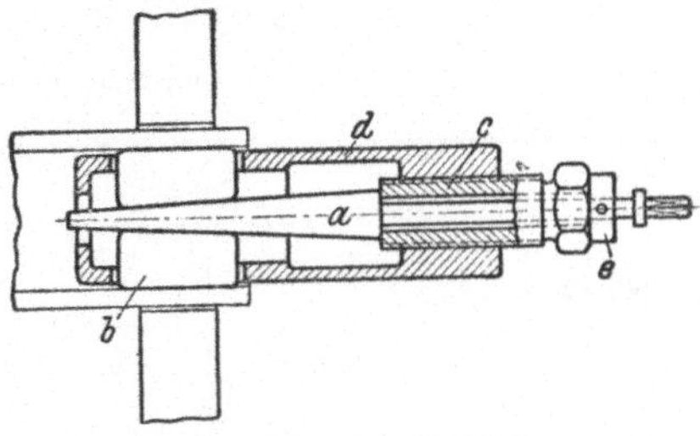

Abb. 43. Rohrwalze (Schraubwalze): a Dorn mit Vierkant (zum Drehen des Dornes); b Rollen; c Gewindestück (zum Vorschub des Dornes); d Gehäuse; e Stellring.

G. Entwurf von Flanschverbindungen.

13. Richtwerte für Kennzahlen und bezogene Flächenpressungen. Auf Grund der erwähnten und teilweise wiedergegebenen Versuche kann die Kennzahl P_k/P_i der Flanschverbindung angenommen und damit die Dichtungskraft bestimmt werden. Bei nichtmetallischen Dichtungen wird bei Drücken > 10 atü stets eine Kennzahl < 2 erreicht. Metallflachdichtungen ergeben meist höhere Kennzahlen, sie sind erst bei höheren Innendrücken ($p_i > 50$ atü) vorteilhaft, ergeben dann aber auch Kennzahlen < 3. Metallformdichtungen sind noch günstiger und führen zu Kennzahlen ≤ 2. Oft, besonders für große Flanschdurchmesser, ist es empfehlenswert, anstatt von der Kennzahl vom Verhältnis der spezifischen Pressungen p_d/p_i auszugehen! Hierfür werden folgende Werte angegeben:

für Flachdichtungen zwischen Arbeitsleisten

$$p_d/p_i = 2 \text{ bis } 4$$

für Dichtungen mit breiter Nut und Feder

$$p_d/p_i = 3 \text{ bis } 6$$

für Dichtungen mit schmaler Nut und Feder

$$p_d/p_i = 3 \text{ bis } 8.$$

Die Breite der Dichtung wird mit 5 bis 10% des Innendurchmessers gewählt.

Die Verwendung obiger Richtwerte setzt eine sehr starre Flanschverbindung voraus. Jede Verformung der Flanschen wirkt sich auf die Dichtheit ungünstig aus. In schwierigen Fällen ist eine möglichst wirklichkeitsnahe Berechnung der Flanschen und Schrauben nötig.

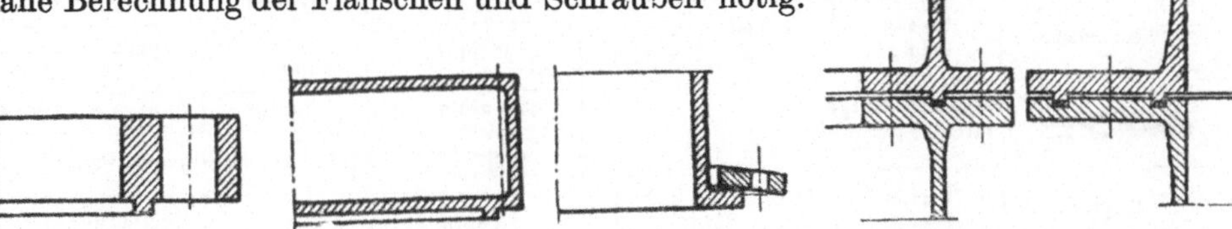

Abb. 44. Sehr starre Ausführung. Abb. 45. Ausführung des Deckels als Kastendeckel. Abb. 46. Beweglicher Flansch. Abb. 47/48. Symmetrische Lage der Schrauben zu den Dichtflächen.

Abb. 44 bis 48. Konstruktive Maßnahmen zur Erzielung geringer Verformung der Dichtflächen.

Auch bei großen Flanschverbindungen ist es durch geschickten Entwurf möglich, Formänderungen weitgehend auszuschließen (Abb. 44 bis 48).

14. Richtwerte für den Anwendungsbereich der gebräuchlichsten Dichtungen. Die gebräuchlichsten Dichtungen sind mit den höchst zulässigen Drücken und Temperaturen sowie den Hauptanwendungsgebieten in Tabelle 2 zusammengestellt; die Grundformen für Dichtflächen zeigen die Abb. Form I bis VII.

Tabelle 2. Ungefähre Richtwerte für den Anwendungsbereich der gebräuchlichsten Dichtungen.

Werkstoff	Übliches Anwendungsgebiet: Fördermittel	Übliches Anwendungsgebiet: Überdruck at	Ob. Temp.-Grenze °C	Einbau nach Abb.
Flachdichtungen				
Gummi ohne Einlage	Wasser	bis 3	30	1
Gummi mit Leinwandeinlage	Wasser	3 bis 6	60	1
Gummi mit Metalldrahteinlage	Wasser	6 ,, 10	90	1
It-Platten	Wasser	bis 25	130	1
	Dampf	,, 20	300	1
	Dampf	,, 16	375	2
	Luft	,, 20	—	3
Original-Klingerit- oder gleichwertige Dichtungen	Öl	,, 15	30	1
	Wasser	,, 100	275	1,2
	Dampf	,, 80	300	3
	Dampf	,, 60	400	3
Pappe	Öl	bis 10	30	1
Asbest	Abdampf	bis 1,5	—	1
	heiße Gase	,, 1,5	750	1
	Kohlenstaub	—	—	1
Kupfer	Wasser	bis 100	250	1
	Dampf	,, 35	250	2,3
Aluminium	Öl	30 bis 60	300 bis 400	3
	Dampf	bis 20	300	2,3
	Luft	—	—	2,3
Blei	schwefl. Säure	bis 1,5	—	1
Weicheisen	Wasser	bis 60	200	1,2
	Dampf	,, 50	425	1,2
Gewellte Ringe mit Asbestauflage				
Kupfer	Wasser	25 bis 100	250	2
	Dampf	25 ,, 35	250	3
Nickel	Wasser	25 bis 100	275	2
	Dampf	25 ,, 80	300	3
V 2 A	Wasser	25 bis 100	275	2,3
	Dampf	25 ,, 120	475	2,3
Monelmetall	Dampf	25 bis 100	425	2,3
Weicheisen	Wasser	25 bis 60	275	2,3
	Dampf	25 ,, 100	470	2,3

Werkstoff	Übliches Anwendungsgebiet: Fördermittel	Übliches Anwendungsgebiet: Überdruck at	Ob. Temp.-Grenze °C	Einbau nach Abb.
Profilierte (gerillte) Flachdichtungen				
Weicheisen, Armco-Eisen, Krupp'sches WW	Wasser	25 bis 60	275	1
	Dampf	25 ,, 100	470	1
Kupfer	Wasser	25 bis 100	250	1
	Dampf	25 ,, 35	250	1
Niro-Stahl	Wasser	25 bis 320	300	1,3
	Dampf	25 ,, 220	500	1,3
Nickel	Dampf	25 ,, 120	475	1
Remanit	Wasser	25 ,, 100	200	1,3
	Dampf	25 ,, 100	475	1,3
V 2 A-Extra	Wasser	25 bis 100	200	1,3
	Dampf	25 ,, 120	500	1,3
Linsendichtungen				
Weicheisen	Wasser	bis 50	300	6,7
	Dampf	,, 40	425	6,7
Kupfer	Wasser	bis 80	250	6,7
	Dampf	,, 35	250	6,7
A 30	Wasser	25 bis 100	200	
	Dampf	25 ,, 80	425	
Niro-Stahl	Wasser	25 bis 320	300	6,7
	Dampf	25 ,, 220	500	6,7
FK 335	Wasser	25 bis 100	200	
	Dampf	25 ,, 120	500	
Runddichtungen				
Gummi	Wasser	bis 10	30	4
Kupfer	Wasser	bis 25	250	4
	Dampf	,, 25	250	4
Aluminium	Dampf	bis 15	250	4
Dichtringe Rohr gegen Rohr				
Kupfer	Wasser	25 bis 100	250	5
	Dampf	25 ,, 35	250	5
V 2 A	Wasser	50 bis 100	275	5
	Dampf	25 ,, 120	475	5
Weicheisen	Wasser	50 bis 80	275	5
	Dampf	25 ,, 100	470	5
Eingefaßte Flachdichtungen				
Blei mit Gummi, Kupfer oder Aluminium mit Asbestfüllung	schwefl. Säure	—	—	1
	heiße Gase	—	—	1

(Entnommen aus „Eignung von Rohrleitungen im Kraft- und Wärmebetrieb".)

Grundformen genormter Dichtflächen Form I bis VII.

Form I. Ebene Dichtungsflächen. Flachdichtungen nach DIN 2690.

Form II. Dichtungsflächen mit Feder und Nut. Feder und Nut nach DIN 2512. Flachdichtungen für Flansche mit Feder und Nut nach DIN 2691.

Form III. Dichtungsflächen mit Vor- oder Rücksprung. Vor- oder Rücksprung nach DIN 2513. Flachdichtungen für Flansche mit Eindrehung nach DIN 2692.

Form IV. Dichtungsflächen mit Eindrehung für Runddichtungen. Flanscheindrehung für Runddichtung nach DIN 2514. Rundgummidichtungen nach DIN 2693.

Form V. Dichtung Rohr gegen Rohr. Flanscheindrehung nach DIN 2517. Nahtlose Dichtringe für Flansche mit Dichtung Rohr gegen Rohr nach DIN 2694.

Form VI. Dichtungsflächen für Linsendichtungen. Dichtungslinsen und Linsensitze nach DIN 31 270. Flansche mit Eindrehung für Linsendichtungen sowie Linsendichtungen nach DIN 2696.

Form VII. Linsenringe nach DIN 25 576 sind auf die Rohre hart aufzulöten oder zu schweißen.

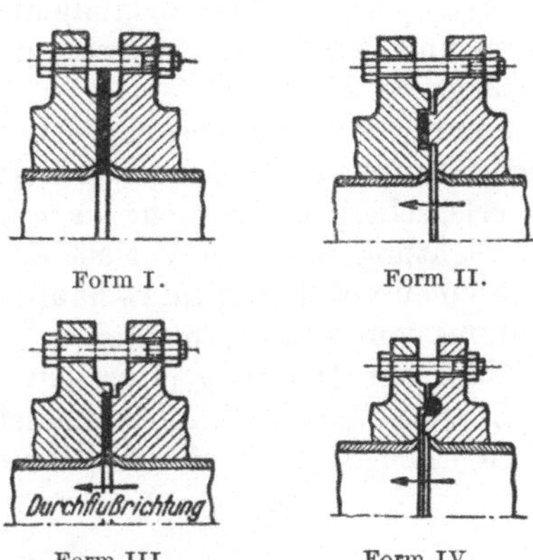

Form I. Form II. Form III. Form IV.

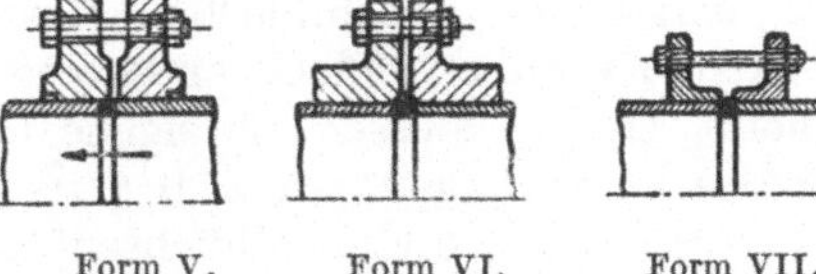
Form V. Form VI. Form VII.

H. Betriebliche Gesichtspunkte für Flanschendichtungen.

Die größte Beanspruchung der Flanschverbindungen von Heißdampfleitungen tritt nicht im Betrieb sondern beim Anfahren der Leitung auf (während des Betriebes viel kleinere Temperaturunterschiede zwischen Flansch und Schrauben!).

Sorgfältig mit Asbestschnur umwickelte Schraubenbolzen haben kleinere Temperaturunterschiede und daher kleinere Beanspruchungen.

Ungeschützte Schrauben führen zu einer Längung der Schrauben oder zu einem Beschädigen der Dichtung, die sich *nach* Durchführung der Flanschisolierung durch Blasen der Flanschen zeigen kann; die Wärmeisolierung ist daher *vor* der ersten Inbetriebsetzung der Rohrleitung aufzubringen, nachher ist das unter Umständen nicht mehr möglich.

Wasser ist in Heißdampfleitungen auf jeden Fall schädlich. Weichdichtungen werden im inneren Teil durchfeuchtet; bei Heißwerden der Leitung verdampft das Wasser und drückt unter Umständen die Dichtung heraus. Metalldichtungen werden nach dem Verdampfen meist wieder dicht.

Aus dem gleichen Grund wird vor Druckproben mit Kaltwasser bei Heißdampfrohrleitungen gewarnt; das bei der Probe in die Dichtung eingedrungene Wasser kann bei der Inbetriebsetzung die Leitung undicht machen.

Sämtliche Dichtverbindungen sind vor Zugluft zu schützen (offene Fenster!) Durch das Zusammenziehen einiger Schraubenbolzen werden andere entlastet und der Flansch wird undicht. Aus dem gleichen Grund dürfen Hochdruckflanschverbindungen im Betrieb auf ihre Dichtheit nicht durch Abnehmen der Flanschkappen geprüft werden; es kann dadurch Längung der Schrauben und in weiterer Folge beim Widerauflegen der Kappen Undichtheit auftreten.

Das Anziehen wichtiger Schraubenverbindungen ist durch Messung nachzuprüfen.

Eine Undichtheitsursache kann auch im „Setzen“ der unter Druck stehenden Flächen der Flanschverbindung liegen; man versteht darunter die Verminderung der Oberflächen-Rauhigkeit der gedrückten Flächen, die nach und nach eintritt, sowie die plastische Verformung nicht warmfester Teile. Es ist daher anfänglich ein Überschuß an Schraubenspannung erforderlich, der durch das Setzen wieder beseitigt wird.

Schutz vor Überbeanspruchungen durch Wärmedehnungen kann erreicht werden durch Anwendung von Dehnschrauben, Federn und plastisch verformbaren Unterlegscheiben aus nicht warmfestem Stahl. Diese Maßnahmen schützen auch die Dichtung vor dem Verlust der Dichtkraft.

Elementenbildung führt häufig zu elektrolytischen Korrosionen, z. B. bei Verbindung von Stahlformstücken mit einfachem Kohlenstoffstahl. Abhilfe durch Bondern der Dichtung (Herstellung einer fest haftenden, feinkristallinen, korrosionsbeständigen Metallphosphatschicht) oder Unterbindung der Elementenbildung durch Beilegen einer dünnen Weichdichtung beiderseits der Metalldichtung.

J. Muffendichtungen.

Die Muffendichtungen könnten je nach ihrer Wirkungsweise ebenfalls in eine der vorstehend geschilderten Gruppen der Berührungsdichtungen eingereiht werden; sie haben jedoch andererseits so viele Eigenheiten, daß es richtiger erscheint, sie geschlossen als eigene Gruppe zu behandeln. Dies um so mehr, als gewisse Forderungen, wie z. B. jene der Beweglichkeit in nachgiebigem Boden, zu Lösungen führt, die stopfbüchsenähnlich sind.

15. Grundsätzliche Anforderungen. Wenn nachstehend die wichtigsten Anforderungen an Muffendichtungen aufgezählt werden, so ist sofort darauf hinzuweisen, daß diese Forderungen sich teilweise widersprechen; es wird daher fallweise geprüft werden müssen, welche unbedingt zu erfüllen sind.

a) Dichtheit. An der Verbindungsstelle dürfen keine Betriebsstoffverluste auftreten.

b) Festigkeit. Der Teil an Zug-, Biegungs- und Torsionsbeanspruchung, der auf die Dichtverbindung entfällt, muß von ihr aufgenommen werden, ohne daß Undichtheit entsteht oder die Verbindung zerstört wird.

c) Nachgiebigkeit. Die Muffenverbindungen sollen die Wärmedehnungen und weiter mehr oder weniger große Abweichungen der Rohrstrangachse von der Geraden ermöglichen.

d) Lebensdauer. Bei unzugänglichen Rohrleitungen muß die Dichtverbindung dieselbe Lebensdauer haben wie die Rohrleitung. Diese Forderung ist dann sehr streng, wenn die Rohrleitung für dauernd verlegt wird (z. B. Gas- und Wasserversorgungsleitungen); dann soll auch die Dichtverbindung eine Lebensdauer von hunderten von Jahren aufweisen!

e) Mechanische Beanspruchungen sind durch die auftretenden inneren und äußeren Kräfte gegeben. Erstere werden bewirkt durch den Innendruck, letztere durch die Umgebung (Erddruck, Erschütterungen durch Fahrzeuge u. a. m.). Die grundsätzliche Auslegung der Rohrleitung bestimmt nun, in welchem Maße die Rohrverbindung (und damit auch die Dichtverbindung) diese Kräfte aufnehmen oder die Dichtverbindung durch geeignete Maßnahmen davon entlastet werden soll.

Beispiel: *Rohrschub.* Die Rohrleitung hat das Bestreben, sich bei Knickpunkten und Endpunkten auseinander zu ziehen; die auftretenden Axialkräfte sind bedeutend. Sie können auf folgende Arten aufgenommen werden:

a) Durch die Muffendichtung und zwar durch die Haftreibung der Dichtstoffe.
b) Durch Rohrzuganker, die die Muffe überbrücken.

c) Durch die entsprechende Verankerung der Krümmer.

d) Durch die Reibung der verlegten Rohrleitung (im Erdreich, auf Beton, auf den Auflagern usw.).

Man sieht, daß die Muffenverbindung je nach der Art der Aufnahme des Schubes vollständig verschiedenen Bedingungen unterliegt.

Was die Nachgiebigkeit anlangt, so sind die Anforderungen ebenfalls sehr verschieden: Senkungen des Erdreichs, wie sie in Bergbau- und Erdbebengebieten auftreten, stellen sehr große Anforderungen!

16. Bauarten der Muffenverbindungen. Man kann die Muffenverbindungen in zwei große Untergruppen einteilen: in elastische und starre Muffenverbindungen. Naturgemäß sind Zwischenformen vorhanden.

17. ElastischeMuffenverbindungen sind meistGummidichtungen in derForm von Gummirollverbindungen, Gummiquetschverbindungen (Schraubmuffen), Stopfbüchsen-Muffen.

In neuer Zeit überwiegen für Gas- und Wasserleitungen diese elastischen gegenüber den starren Muffenverbindungen.

a) Eignung von Gummi für Muffendichtungen (siehe auch Abschn. 11). Hierfür sind folgende Eigenschaften maßgeblich: Alterungsbeständigkeit, Elastizität, Verformbarkeit und chemische Widerstandsfähigkeit.

Alterungsbeständigkeit: Unter Altern wird das Nachlassen der elastischen Eigenschaften, eine Minderung der Zerreißfestigkeit und ein Zerfall (Rissigwerden, Zerbröckeln) verstanden. Die wichtigsten Faktoren für die Alterung des Gummis sind Luft (Sauerstoff), Licht und höhere Temperaturen. Im Boden verlegte Leitungen sind bezüglich dieser Einflüsse besonders günstig. Neuzeitliche Herstellungsverfahren liefern besonders alterungsbeständige Gummisorten. Erfahrungen geringer Zahl bestehen mit 50 bis 70 Jahren alten Gummidichtungen, die sich sehr bewährten. Es ist anzunehmen, daß erstklassige Gummidichtungen dauernd entsprechen.

Elastizität: Gummi hat, wie bereits ausgeführt (S. 16) im hohen Maße die Eigenschaft, nach Formänderung fast vollständig wieder die ursprüngliche Form anzunehmen; die bleibenden Formänderungen sind gering.

Formbarkeit: Während des Herstellungsganges ist es leicht möglich, Gummidichtungen praktisch jede gewünschte Form zu geben.

Chemische Widerstandsfähigkeit: Gegen Wasser ist Gummi vollständig widerstandsfähig (Aufbewahrung unter Wasser), Gas (Leuchtgas) hat im allgemeinen eine volumenvergrößernde Wirkung; eine Verschlechterung der Güteeigenschaften tritt gemäß den Prüfungsergebnissen nicht auf. Trotzdem wird bei manchen Muffenbauarten (Schraubmuffen) der Gummiring noch besonders geschützt und zwar durch einen aufvulkanisierten Bleischutz auf der dem Betriebsstoff zugekehrten Seite. Ein Schutz ist auch das Anstreichen des Gummiringes mit einer Graphitmasse.

b) Gummirollverbindungen. Bei diesen wird der ursprünglich runde Gummiring zu einem flachen Querschnitt verformt. Beispiel einer Ausführung für Gußrohre, Rolgu-Muffe (Abb. 49 und 50), Iso-Muffe (Abb. 51); letztere Bauart gestattet die Verwendung der genormten Muffenform. Elektrische Isolierung der Rohre. Eine Bauart für Stahlmuffenrohre zeigt Abb. 52 (Sigur-Muffe).

c) Schraubmuffenverbindungen. Festes Zusammenpressen des Gummiringes, dadurch Anpressen des Dichtungsringes einerseits an die Rohraußenfläche, andererseits an die Muffeninnenfläche. Der Dichtungsring kann seine Form, in die er dadurch gebracht wird, nicht mehr ändern. Der Dichtungsring wird für Wasserleitungen beiderseits mit einer Auflage von Hartgummi versehen, bei Gasleitungen mit einer Bleiauflage. Bauart „Halberg" (Abb. 53) hat auf der dem Schraubring zugewendeten Seite des Gummiringes einen eigenen Gleitring b.

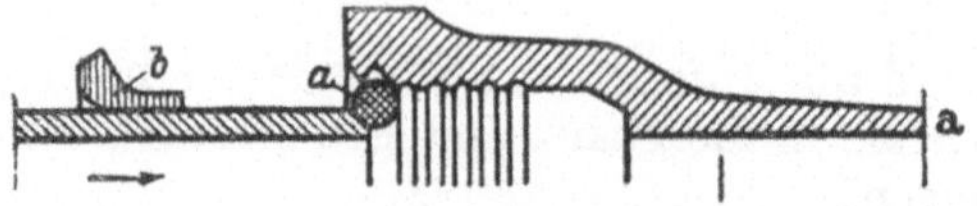

Abb. 49. Beginn der Herstellung der Verbindung: Einrollen des Rundgummiringes.

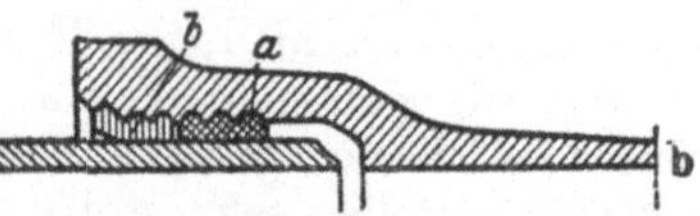

Abb. 50. Fertige Rollgummiverbindung; äußerer Abschlußgummiring in entsprechende Aussparung eingesetzt.

Abb. 49/50. Rolgu-Muffe. Rundgummiring zur Abdichtung, Abschlußring aus härterem Gummi zum Schutz des Dichtringes und zur Sicherung gegen dessen Herauspressen.

d) Stopfbüchsen-Muffen. Bei diesen wird als Dichtungsmittel ein Gummiring benützt, der sich, durch einen Stahlring angepreßt, stopfbüchsenartig in die Dichtungsfuge legt. Der Stopfbüchsenring wird seinerseits durch Schrauben angezogen (Abb. 54, Bauart „Schalker Verein").

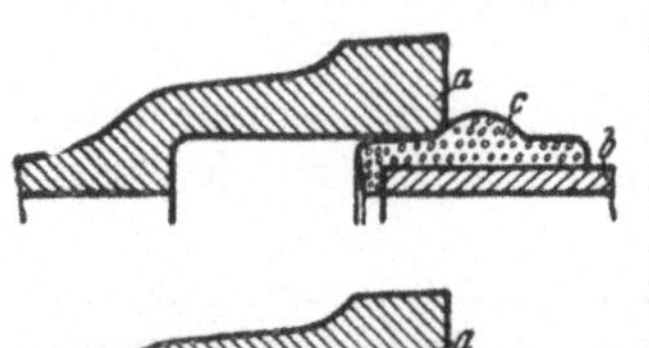

Abb. 51. Iso-Muffe, Muffe a und Rohrende b unterscheiden sich nicht von der genormten Form. Der Gummiring c hat vorn einen nach innen erweiterten Rand, der die Rohre elektrisch voneinander isoliert.

Naturgemäß ist die Haltbarkeit dieser Verbindung von Einflüssen des Bodens auf die Schraubenverbindung abhängig; sie zeichnet sich aber durch große Beweglichkeit aus.

Allen elastischen Muffenverbindungen ist, wie schon der Name sagt, eine mehr oder weniger große Beweglichkeit eigen. Diese erlaubt das Anlegen sanfter Krümmungen ohne besondere Formstücke und verhindert Leitungsbrüche bei Senkungen des Erdreichs usw. Die Verlegung dieser Muffenverbindungen ist sehr einfach; genaue Verlege-Anleitungen werden von den Herstellern herausgegeben.

Keine dieser Verbindungen ist zur Aufnahme von Längskräften geeignet; die Leitung muß daher in geeigneter Weise (siehe Abschn. 16) gesichert werden.

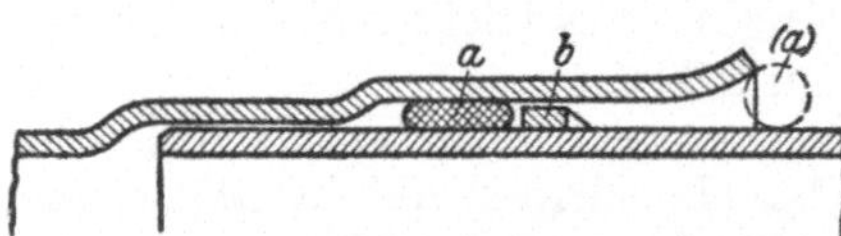

Abb. 52. Sigur-Muffe: a Gummiring im eingerollten Zustand; (a) Gummiring vor dem Einrollen; b aufgeschweißter Ring (Sicherung von a gegen Herausschieben und Entlastung von a durch Aufnahme der Querkräfte).

18. Starre Muffenverbindungen. Man kann hier vier Gruppen unterscheiden:

Stemmverbindungen,
Verbindungen mittels Vergußmassen,
Schweißverbindungen,
Schraubverbindungen.

a) Stemmuffen. Diese Dichtverbindung ist die älteste, überhaupt bekannt gewordene

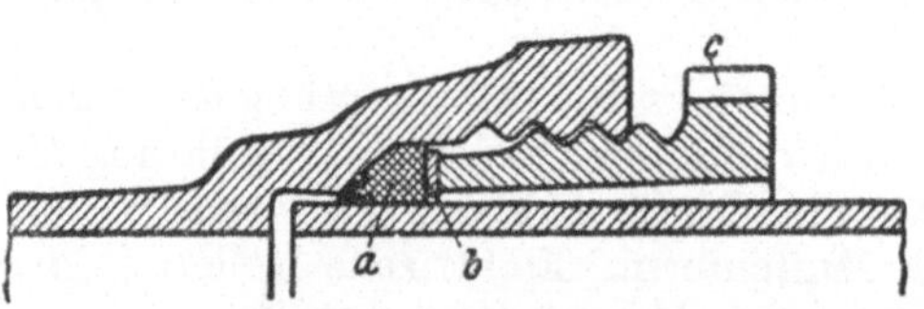

Abb. 53. Halberg-Muffe (Schraubmuffe für gußeiserne Rohre): a Dichtungsring aus Gummi, an der Spitze bleibewehrt; b Gleitring; c Mutter für Hakenschlüssel.

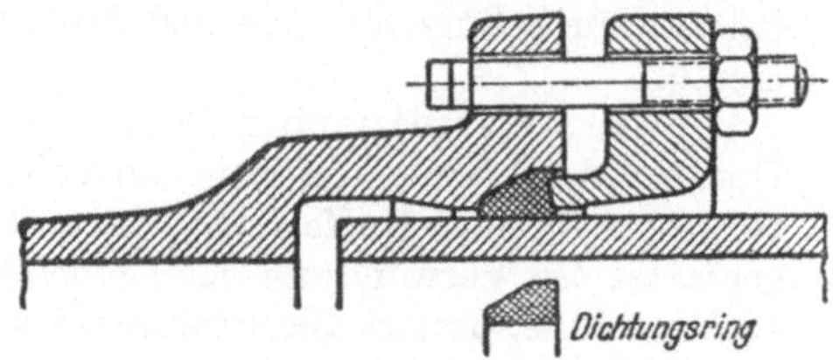

Abb. 54. Stopfbüchsenmuffe Bauart Schalker-Verein.

Rohrverbindung. Sie hatte in Form der mit Blei und Hanfstrick gedichteten Muffe einen Hauptanteil an den Rohrverbindungen. In Deutschland war zeitweilig die Verwendung von Blei für Stemm-Muffenverbindungen zwecks Einschränkung des Bleiverbrauches verboten. Blei ist hier aber durch andere Metalle nicht vollwertig zu ersetzen.

Herstellung einer Stemm-Muffenverbindung alter Bauart (Abb. 55) für Gußrohre (Muffenformen für Gußrohre siehe Abb. 56 bis 58).

Einführen des Rohrendes bis zum Anstoß, Ausfüllen einer bestimmten Länge des Muffengrundes mit einer Stricklage durch Einstemmen von Hanfstricken (Verdichten mit Strickeisen). Herstellung des Vorsatzes aus Blei; ursprünglich als Gußblei, das mit Setzern verstemmt und verdichtet wurde, um eine Spannungsverbindung zu erhalten; später als Stemmblei (Bleiwolle, Bleifolien). Über Wirkungsweise und Ausführung gilt folgendes:

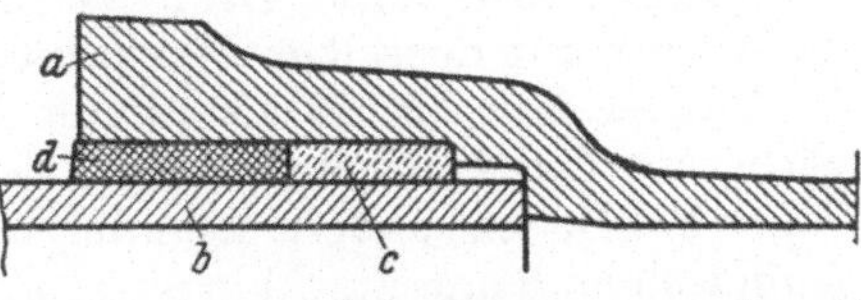

Abb. 55. Stemmuffenverbindung alter Bauart: a Muffe; b Rohrende; c Verstrickung; d Bleivorsatz.

Verstrickung: Rolle der Vordichtung. Dichtet um so besser, je mehr verstemmt. Weitere Verbesserung durch Tränken mit Bitumen oder Teer (Ausfüllen der kleinen Hohlräume zwischen den Fasern). Überschüsse an Tränkungsmasse sind schädlich (Schmierwirkung an den Muffenwandungen). Verstrickung verhindert das Eindringen von Blei in das Rohr. Vielfach wird behauptet, daß die Stricklage die eigentliche Dichtung darstelle und der Bleivorsatz zum Halten dient. Alte Bleimuffen waren jedoch dicht, obwohl die Stricklage ganz verrottet war; die Abdichtung besorgt also anscheinend die Bleiverstemmung. Dies ist ein wichtiger Umstand für die Beurteilung von Austauschstoffen für Blei, bei welchen vielfach die Stricklage so gut ausgeführt werden muß, daß sie allein dichtet.

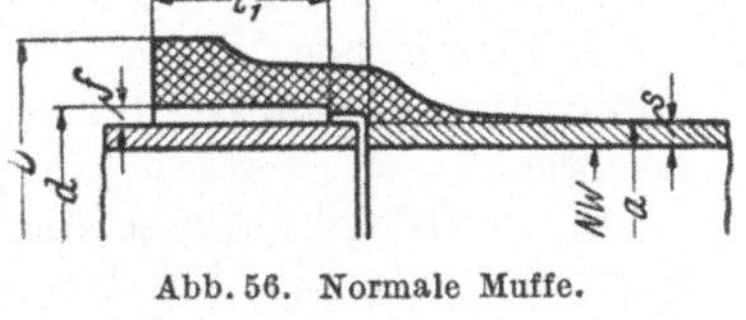
Abb. 56. Normale Muffe.

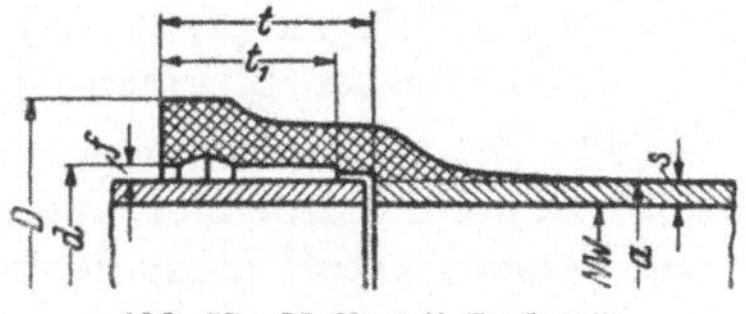
Abb. 57. Muffe mit Dachnute.

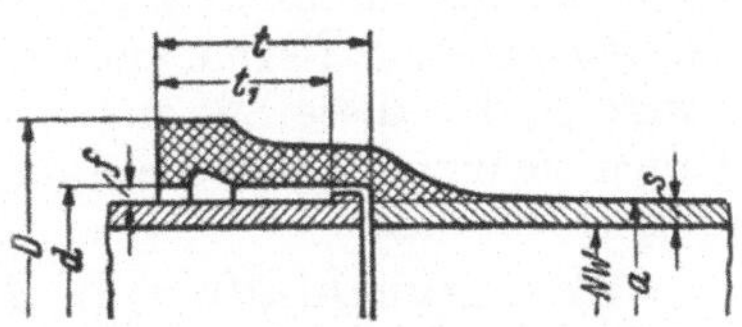
Abb. 58. Muffe mit Ring und Rille.

Abb. 56. bis 58. Muffenformen für Gußrohre und Stemmverbindung.

Bleivorsatz: Dieser hält den durch Verstemmen verdichteten Strick in seinem Spannungszustand, bildet einen Abschluß nach außen und stellt letzten Endes auch die Dichtung nach innen, wenn die Stricklage vom Betriebsstoff durchdrungen ist. Der Bleivorsatz nimmt die auf die Muffe wirkenden Kräfte auf und zwar infolge der guten Haftfähigkeit des Bleies an den rauhen Gußwänden; infolge des Verstemmens liegt das Blei mit hoher Spannung an den Wänden an (kraftschlüssige Verbindung). Die geringe Elastizität des Bleies erlaubt nachträglich kleine Veränderungen der Rohrlage, ohne daß die Verbindung deshalb undicht wird.

Stricklage und Bleiring wirken durch die Vorspannung, die sie beim Verstemmen erhalten und durch die bei beiden Werkstoffen vorhandene Querelastizität; das Abdichten der möglichen Undichtheitswege ist somit ähnlich wie bei den Weichpackungen von Stopfbüchsen (siehe Abschn. 26). Die Vorspannung wird dabei durch die Reibung zwischen den rauhen Gußwandungen und dem unter Vorspannung im Muffenraum befindlichen Dichtungsmaterial aufrechterhalten.

Als *Werkstoffe* kommen heute in Frage

für die *Verstrickung*: Jute- und Hanfstrick (Weißstrick), Bitumen- und Teerstrick, Holzwolle;

für den *Vorsatz*: Stemmblei, Aluminium in verschiedenen Formen (Wolle, Folien, Riffelaluminium), Sinterstoffe.

Aluminium statt Blei. Verwendung als Wolle oder als Blattwerkstoff. Verstemmung mit denselben Werkzeugen wie die Bleiverstemmung.

Hauptgefahr für die Aluminium-Muffendichtung ist die Korrosion. Sorgfältige Sicherung des Aluminiums gegen den Betriebsstoff einerseits und gegen die Einflüsse des Bodens andererseits durch Bitumenstrick (Teerstrick) bzw. Bitumenring (mindestens 5 mm stark).

Sehr gute Haftfähigkeit des Aluminiums an den Muffen-Innenflächen. Schlechteres Dichthalten der Aluminium-Stemmlage, daher besonders starkes Verstemmen der Verstrickung nötig, da diese in der Hauptsache abdichtet; der Metallring stellt, hier vor allem, eine Stützschicht für die Verstrickung dar.

Ein großes Gaswerk wählte folgenden Aufbau der Muffendichtung:

1. Teerstricklage; diese übernimmt die gute Gasabdichtung.

2. Weißstricklage; da die Teerstricklage nicht mit Gewalt in die Muffe gestemmt werden darf, wird diese trockene Weißstricklage eingebracht und kräftig verstemmt und so die Teerstricklage fest eingetrieben.

3. Plastischer Wickel (Fettstrick); dieser Wickel soll die Feuchtigkeit vom Aluminium-Schlußring fernhalten (dieser Wickel wird von anderen Werken weggelassen).

4. Weißstrick; dieser dient zum Antreiben des plastischen Wickels und als trockene Unterlage für den Aluminiumring.

5. Aluminiumring (Wolle); dieser wird kräftig eingetrieben, damit er die einzelnen Stricklagen preßt und festhält.

6. Plastischer Bitumen-Abschlußring.

Die Teerstricklage dichtet, solange sie nicht austrocknet. Gewisse Betriebsstoffe fördern das Austrocknen und gefährden damit die Dichtheit; dann ist Aluminium als Verstemmstoff nicht zu verwenden.

Sinterstoffe statt Blei. Die unter verschiedenen Namen erhältlichen Austauschstoffe für Blei werden wie dieses verarbeitet. Im einzelnen ist den Firmenanweisungen zu folgen, auch bezüglich der Verstemmhöhen. Allgemein kann gesagt werden, daß diese Sinterstoffe allein eine ungenügende Abdichtung darstellen und auch bei ihnen — wie bei Aluminium — das Schwergewicht der Abdichtung bei der Stricklage liegt.

Stemmverbindungen für Stahlrohre. Ein grundsätzlicher Unterschied gegenüber den Gußrohrmuffen besteht in der wesentlich geringeren Haftreibung der Muffendichtung bei Stahlrohren. Genügt diese bei Gußrohren, so ist es dagegen bei Stahlrohren nötig, durch die Formgebung der Muffe einem Herausdrücken der Dichtung vorzubeugen.

Für nahtlose und für überlappt geschweißte Stahlmuffenrohre bestehen ver schiedene Ausführungsformen, die im Herstellungsverfahren begründet sind (siehe DIN 2460, nahtlose Stahlmuffenrohre für Gas- und Wasserleitungen und DIN 2461, sondergeschweißte Stahlmuffenrohre für Gas- und Wasserleitungen). Abb. 59 zeigt die üblichen Muffenformen für Stemmverbindungen der nahtlosen Rohre, Abb. 60 jene für überlappt geschweißte Rohre.

Der Muffenraum ist nach außen kegelig verjüngt, die Muffe entsprechend den großen, beim Verstemmen auftretenden Innenkräften verstärkt.

b) Vergußmuffen. 1. Für *gußeiserne* Abflußrohre werden u. a. auch Vergußmassen auf Schwefelgrundlage angewendet. Sie bestehen aus einem Gemisch von Schwefel und Füllstoffen meist mineralischer Herkunft. Eigenschaften dieser Vergußmassen sind: geringe Zugfestigkeit, sehr geringe Dehnung, ziemlich große Druckfestigkeit. Sie werden heiß vergossen.

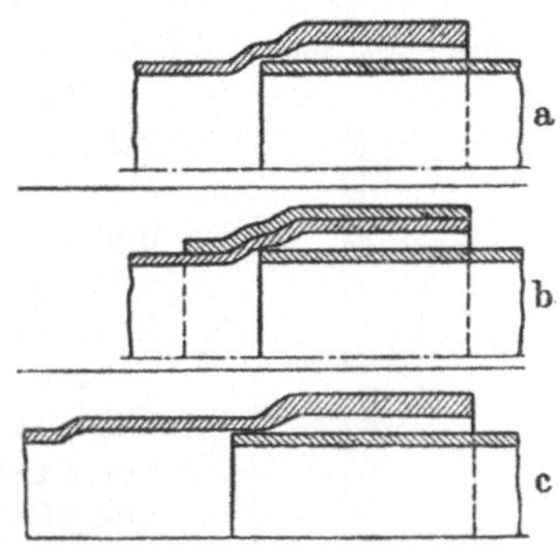

Abb. 59. Muffenformen für Stemmverbindungen nahtloser Rohre: a Pilgerkopfmuffe; b langverstärkte Muffe (Doppelwandmuffe); c Muffe mit Führungshals (Doppelwandmuffe mit Führung).

2. Für *keramische* Rohre (Steinzeug, Porzellan). Hier bestehen grundsätzliche Unterschiede gegenüber dem Gußrohr. Die Reibung der Stricklage an den glatten Flächen ist sehr klein, daher ist starkes Verstemmen nicht möglich und die Stricklage dichtet nicht ab. Der Ring aus Vergußmasse muß daher die vollständige Abdichtung übernehmen; die Stricklage hat eigentlich nur die Aufgabe, das Eindringen von Vergußmasse in das Rohr zu verhindern. Weiter hat die Vergußmasse ihren Halt in der Muffe nicht durch Reibung sondern durch ihre Haftfähigkeit (Klebewirkung, Adhäsion).

Man unterscheidet kalt und heiß zu verarbeitende Dichtmassen. Die kalt zu verarbeitenden Kitte sind vielfach von den Baupolizeibehörden verboten. Es besteht bei ihnen die Gefahr, daß die Muffen nicht die unbedingt nötige Festigkeit haben, weil der Kitt dauernd oder sehr lange weich bleibt. Schnelle Härtung ist hier nur durch chemische Vorgänge möglich, bringt aber für die Ausführung der Dichtung wieder Erschwerungen. Eine wichtige Forderung ist weiter, daß der Dichtstoff nicht treibt, d. h. unter der Einwirkung von Wasser sein Volumen nicht vergrößert. Die heiß zu verarbeitenden Vergußmassen für keramische Rohre sind solche auf Teer- und Bitumengrundlage, mit Füllstoffen; letztere dienen zum Teil der Versteifung der Masse.

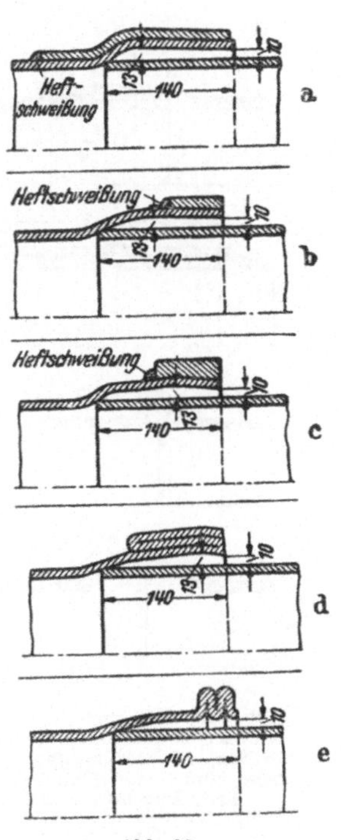

Abb. 60. Muffenformen für Stemmverbindungen überlappt geschweißter Rohre: a langverstärkte Muffe (Doppelwandmuffe); b leicht ringverstärkte Muffe; c schwer ringverstärkte Muffe; d Doppelfalzmuffe; e Doppelbördelmuffe.

Anforderungen und Kennwerte von Heiß-Vergußmassen:

1. Haftfähigkeit mindestens 1,5 kg/cm² (gute Vergußmassen für keramische Rohrwerkstoffe haben meist 4 bis 5 kg/cm² Haftfestigkeit).

2. Ausreichende Elastizität und Dehnung; spröder und harter Dichtstoff bedingt, daß etwa notwendige Formänderungen durch die Muffe bzw. das Rohr aufgenommen werden, was bei keramischen Werkstoffen zum Bruch führt.

3. Erweichungspunkt muß höher liegen als die Betriebstemperatur (vom Prüfungsausschuß für Grundstückentwässerungsanlagen ist der Erweichungspunkt auf 100° festgelegt; Prüfung nach DIN 1995).

4. Brechpunkt; bei niedrigen Temperaturen darf kein Verspröden eintreten (Messung nach DIN 1995).

5. Die Gießtemperatur muß höher als die Schmelztemperatur liegen (z. B. Schmelztemperatur von Bitumen-Vergußmassen rund 150°, Gießtemperatur etwa 200°); sonst zu frühzeitige Abkühlung beim Gießen.

6. Überhitzungen über den Schmelzpunkt müssen zulässig sein.

7. Das Schwinden soll 10 bis 15% nicht übersteigen.

8. Das Entmischen soll möglichst gering sein (Entmischen: unten Ablagerung der spezifisch schweren Füllstoffe, oben eigentliches Schmelzgut).

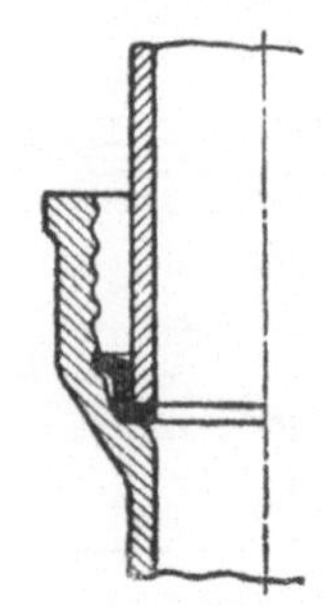

Abb. 61. Muffendichtung für keramische Rohre (Entwurf MENGERINGHAUSEN).

MENGERINGHAUSEN schlägt eine neue Muffendichtung für keramische Rohre vor (Abb. 61), wobei der Strick durch eine elastische Manschette ersetzt wird. Durch diese erfolgt axiale und radiale Fixierung des Rohres sowie Verhindern des Eindringens von Vergußmasse. Als Werkstoff hat sich Mipolam (Austauschstoff für Gummi) bewährt.

Das Umgießen wird auch bei undichten Muffen (z. B. bei Gasleitungen) vorgenommen; dabei wird die undichte Muffe von einer Form umgeben und diese vollständig mit Vergußmasse ausgefüllt.

c) Schweiß-, Löt- und Klebmuffen. Diese Verbindungen haben sowohl abzudichten, als auch die auf die Verbindungsstelle entfallenden Kräfte aufzunehmen. Die wichtigsten Bauformen der Schweißmuffen sind in Abb. 62 dargestellt. Bei der Einsteck-Schweißmuffe ist zu beachten, daß diese im Anlieferungszustand kegelig erweitert ist; bei der Verlegung wird dann die Muffe an das Spitzende des anderen Rohres angepaßt. Eine Brückenschweißung ist unbedingt zu vermeiden!

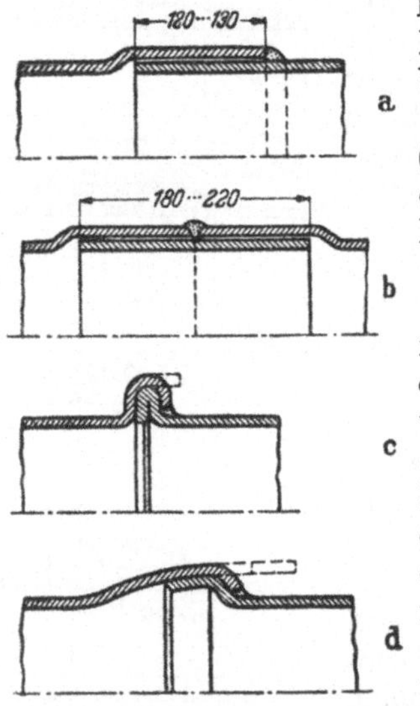

Abb. 62. Bauformen für Schweißmuffen: a Einsteck-Schweißmuffe; b Nippel-Schweißmuffe; c Sicherheits-Bördel-Schweißmuffe; d Sicherheits-Kugel-Schweißmuffe.

Auch Kunststoffrohre werden vielfach geschweißt (siehe z. B. DIN 8061, Kunststoffrohre aus Polyvinylchlorid; diese werden mit Polyvinylchloridzusatz in Heißluft von etwa 240° geschweißt).

In diese Gruppe gehören auch die Lötverbindungen.

Dem Schweißen ähnlich ist das bei Kunststoffrohren mögliche Kleben der Rohre, wobei eine Lösung des Kunststoffes als Klebemittel verwendet wird. Vorher werden die zu klebenden Flächen mit Sandpapier oder Schlichtfeile aufgerauht und gesäubert, dann wird die Klebelösung dünn und gut verteilt aufgetragen und das eine Rohrende in das erweiterte andere Ende gesteckt; die Rohrenden müssen gut ineinander passen, weil Hohlräume durch die Klebelösung nicht gedichtet werden.

d) Gewindemuffen sind bekannt als Verbindung von Stahlrohren („Gasrohren"). Sie bestehen aus der Gewindemuffe, die auf die Rohrenden geschraubt wird; da das Gewinde nicht abdichtet, so werden mit Öl, Mennige u. a. getränkte Hanffäden eingelegt oder es werden Dichtkitte verwendet. Eine richtige Anpressung der Dichtflächen entsteht bei kegelig geschnittenem Gewinde.

II. Berührungsdichtungen an bewegten Maschinenteilen.

19. Wirkungsweise. Während bei den meisten Dichtungsarten der ruhenden Berührungsdichtungen die Abdichtung allein durch die Formänderung der Dichtung bzw. der Dichtflächen erzielt wird (Ausfüllen der Unebenheiten), ist dies bei der Abdichtung bewegter Maschinenteile nicht der Fall; es sind zur Abdichtung bewegter Maschinenteile grundsätzlich zwei Wege gangbar:

a) Herstellung eines engen Spaltes unter gegenseitiger Anpressung der Dichtflächen,

b) das Einhalten eines bestimmten Spaltes unter Vermeidung gegenseitiger Anpressung der Dichtflächen.

Der erste Weg umfaßt die „Berührungsdichtungen bewegter Maschinenteile", der zweite Weg die „Berührungsfreien Dichtungen". Die berührungsfreien Dichtungen erfordern, wie aus Kapitel III noch näher hervorgeht, ein hohes Maß von Ausführungsgenauigkeit, weil die Spaltweite bzw der Leckquerschnitt möglichst klein zu halten ist (sonst sehr große Lässigkeitsverluste); dadurch entstehen mittelbar hohe Herstellungskosten. Weiter besteht bei den berührungsfreien Dichtungen Empfindlichkeit gegen Unreinigkeiten der Druckflüssigkeit. Formänderungen (verursacht durch Temperaturunterschiede oder äußere Kräfte) führen leicht zum Klemmen infolge Abweichens des Zylinderquerschnittes von der Kreisform oder von Abweichungen von der konzentrischen Lage von Welle und Dichtung. Der berührungsfreien Dichtung fehlt im allgemeinen die Nachstellmöglichkeit (nach Abnutzung der Dichtflächen); im Gegensatz dazu ist die Nachstellung der Berührungs-Stopfbüchsen in gewissen Grenzen eine selbsttätige. Diese Nachteile der berührungsfreien Dichtungen (bezüglich der Vorteile siehe Abschn. III A) beschränken ihre Anwendung und haben zur Entwicklung des Dichtungsspaltes zur Stopfbüchse geführt.

Bei den Berührungsdichtungen bewegter Maschinenteile (kurz als „Stopfbüchse" bezeichnet) treten wie bei den Berührungsdichtungen ruhender Maschinenteile Dichtkraft und Dichtpressung auf. Unter ihrem Einfluß geht die Spaltweite auf einen nicht näher bestimmbaren Kleinstwert zurück, der örtlich auch Null wird. Der Versuch, eine für vollkommene Abdichtung genügende Dichtpressung anzuwenden, wird im allgemeinen zu starkem Verschleiß führen. Unter dem Einfluß des vorhandenen Dichtdruckes bzw. der Dichtpressung findet nämlich ein teilweises Ineinandergreifen der Unebenheiten der Oberflächen statt und bei der Gleitbewegung der Dichtflächen zueinander tritt nun durch Druck-, Schub- und Biegungsbeanspruchung ein Abscheren und Ausbrechen der Unebenheiten ein. Nur in Fällen geringer Gleitgeschwindigkeit (Dehnungsstopfbüchsen, Stopfbüchsen langsam betätigter Absperrorgane u. ä.) kann der Packungswerkstoff vermöge seiner Querelastizität den Formänderungen folgen.

Die Größe dieses Reibverschleißes wird von der Dichtpressung bestimmt, die wieder abhängt vom abzudichtenden Druckunterschied sowie von der aufgewendeten äußeren Kraft, der Oberflächengüte, den Werkstoffeigenschaften (Festigkeit, Gefügebeschaffenheit), den Formänderungen im Betrieb, der Einhaltung der gegenseitigen Lage der Dichtflächen (Laufgenauigkeit) u. a. An Stellen hoher Strömungsgeschwindigkeit tritt unter Umständen noch ein Strahlverschleiß ein.

Um einen zulässigen Verschleiß zu erreichen, sind zwei Wege möglich:

a) Vermeiden bzw. Verhindern der unmittelbaren Berührung der Dichtflächen durch Anwendung eines Schmiermittels,

b) Verwenden von Werkstoffen für die Dichtflächen, die auch bei trockener Reibung zu erträglichem Verschleiß führen.

Je nach der Güte der Dichtflächen wird es gelingen, einen mehr oder weniger widerstandsfähigem Ölfilm herbeizuführen. Starke Unebenheiten der Oberflächen zerreißen den Ölfilm, der aber andererseits gegen das Herausquetschen durch den Dichtdruck sehr widerstandsfähig ist. Meist wird eine vollständige Trennung der beiden Dichtflächen nicht gelingen, so daß gemischte (halbflüssige) Reibung eintritt. Das Schmiermittel übernimmt weiter die Rolle einer „Sperrflüssigkeit", wobei bei der Abdichtung von Gasen, Dämpfen und vielen Flüssigkeiten die hohe Zähigkeit des Schmieröles sehr günstig ist. Das Schmiermittel sorgt ferner für das Reinspülen der Dichtflächen von abgetragenen Werkstoffteilchen, für die Abfuhr der Reibungswärme und ist zugleich ein Schutz vor Korrosionen.

20. Dichtheit. Bei bewegten Stopfbüchsen treten stets Leckverluste an Betriebsmittel oder Sperrflüssigkeit (Schmiermittel) ein, deren Größe jedoch oft bedeutungslos oder so gering ist, daß man praktisch von einer vollkommen dichten Stopfbüchse sprechen kann. Die Leckverluste beruhen auf der unmittelbaren Lässigkeit infolge der Strömung durch den vorhandenen Leckquerschnitt, auf die Raumwirkung der Oberflächenunebenheiten sowie auf der Haftfähigkeit von Flüssigkeiten an festen Körpern. Eine rechnungsmäßige Erfassung der Lässigkeit ist bei dieser Gruppe von Dichtungen kaum möglich.

21. Undichtheitswege der Stopfbüchsenpackung. Abb. 63 zeigt schematisch, daß die Stopfbüchse verschiedene „Undichtheitswege" zu sperren hat. Weg A der axialen Undichtheit ist der am schwierigsten zu beherrschende Weg, vor allem, wenn es sich um die Abdichtung hin- und hergehender (wendebewegter) Maschinenteile handelt. Weg R der radialen Undichtheit ist bei den meisten Stopfbüchsenbauarten leichter zu sperren, da sich eine fast ruhende Dichtung ergibt. Die Teilfugen- und Werkstoffundichtheit, Weg T, wird einerseits durch das dichte Gefüge der verwendeten Werkstoffe, andererseits durch entsprechende Gestaltungsmaßnahmen aufgehoben oder vermindert.

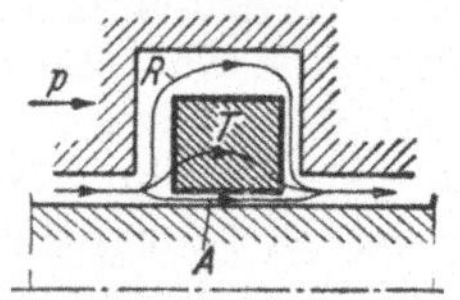

Abb. 63. Undichtheitswege der Stopfbüchsenpackung. A axiale Undichtigkeit. R radiale Undichtheit. T Teilfugen- und Werkstoffundichtheit. p Richtung des Druckgefälles.

Der notwendige Dichtdruck wird auf vielfache Art erzielt. Wichtig ist, daß die Dichtkraft auch bei eingetretenem Verschleiß nicht zu stark absinkt, es muß der Kraftschluß zwischen den Dichtflächen erhalten bleiben. Die Dichtkraft wird entweder vorwiegend durch eine äußere Kraft aufgebracht (z. B. Anziehen der Stopfbüchsenbrille) oder sie wird durch den Betriebsdruck selbst erzeugt (z. B. bei den Stulpdichtungen); schließlich kann die Dichtkraft durch äußere *und* innere Kräfte hervorgerufen werden. Bei den meisten Packungen liegt der letztere Fall vor.

22. Werkstoffe für Stopfbüchsenpackungen. Die Anforderungen an die Werkstoffe für Packungen sind etwa: genügende Druck- und Stoßfestigkeit, Hitzebeständigkeit, Widerstandsfähigkeit gegen chemische Einwirkungen des Betriebsstoffes, Nichtangriff der Werkstoffe der Dichtflächen, dichtes Gefüge, geringer Reib- und Strahlverschleiß, günstige Reibungseigenschaften, Notlaufeigenschaften (Selbstschmierung); im allgemeinen wird Quellfreiheit gefordert, d. h. ein Eindringen des Betriebsstoffes soll keine Volumenvergrößerung zur Folge haben, manchmal wird aber auch vom Quellen bewußt Gebrauch gemacht.

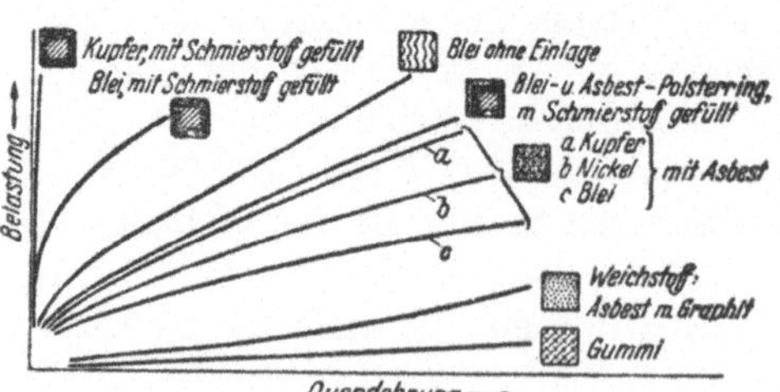

Abb. 64. Querdehnungen von plastischen Packungsringen in Abhängigkeit von der Belastung bei Raumtemperatur (nach Angaben der Goetzewerke).

Die meisten der obigen Forderungen waren auch bei den ruhenden Dichtungen zu stellen.

23. Plastisch verformbare Packungen. In diese Gruppe gehören die Weichpakkungen, die Metall-Weichstoff-Packungen und die Metall-Hohlringe. Entsprechend der oben geschilderten grundsätzlichen Wirkungsweise muß der Werkstoff genügende elastische Anpassungsfähigkeit haben. Wie sehr verschieden sich hier die Packungen verhalten, zeigt Abb. 64.

Als Weichstoffe werden verwendet: Hanf, Baumwolle, Asbest, Nesselgewebe, Leder, Gummi, Guttapercha, Austauschstoffe; als Weichmetalle: Blei, Kupfer, Aluminium u. a. Ein Teil dieser Packungen zeichnet sich durch die Fähigkeit aus, Schmierstoff gespeichert zu enthalten und im Betrieb verhältnismäßig langsam abzugeben.

24. Formbeständige Packungen. Als Werkstoffe kommen hier in Anwendung: Weißmetallegierungen, Sonderbronzen, Gußeisen; die Wahl wird im allgemeinen nach der Betriebstemperatur der Stopfbüchse getroffen, wobei dem Konstrukteur durch Kühlung der Stopfbüchse oder ihre Verlegung außerhalb des Arbeitsraumes u. ä. ein Einfluß möglich ist. Die genannten Stoffe bedingen eine verläßliche Schmierung, wobei das Schmiermittel dem Betriebsstoff anzupassen ist. In neuerer Zeit werden auch sogenannte „schmierungslos" arbeitende Werkstoffe verwendet, das sind Werkstoffe, die keiner Fremdschmierung bedürfen; es kommen in Betracht: Kunstkohle, Kunstharz-Preßstoffe und Sinterstoffe auf Eisen- und Bronzegrundlage. Ihre Bedeutung liegt vor allem in der Reinhaltung des Betriebsstoffes von Verunreinigungen durch das Schmiermittel, das oft nur sehr schwer wieder vollständig entfernt werden kann (z. B. ölfreie Druckluft bei Kolbenverdichtern, ölfreier Abdampf bei Gegendruck-Kolbendampfmaschinen).

A. Weichpackungen.

25. Werkstoffe. Die Werkstoffe für die Weichpackungen sind die oben genannten Weichstoffe. Aus ihnen werden die Packungschnüre durch Flechten oder Klöppeln hergestellt. Je nachdem, ob noch ein eigener Kern aus Weichstoff (z. B. Gummi) verwendet wird oder nicht, unterscheidet man vier Herstellungsarten: umflochten, durchaus geflochten, umklöppelt, durchaus geklöppelt. Geflochtene Packungen werden bevorzugt. Querschnitt: meist quadratisch, aber auch rechteckig und rund.

Trockene Packungsschnüre werden nur in besonderen Fällen verwendet (z. B. als Vorlagepackung). Normalerweise sind die Packungen mit einer Imprägnierung (Tränkung) versehen. Zweck dieser Tränkung ist

a) Schmierung der Gleitflächen, dadurch Verminderung der Reibung und Schutz vor frühzeitiger Abnützung der Packungen,

b) Schutz der Packungswerkstoffe vor chemischen Einwirkungen des Betriebsstoffes.

Die Art der Tränkung ist abhängig von Druck, Temperatur und von den chemischen Eigenschaften des Betriebsstoffes. Tränkungsstoffe sind: geschmolzener Talg, Fett, Paraffin, Vaseline, Zusatz von Graphit. In Sonderfällen: Schwefelsäure (bei Chlor), Talkum (bei Sauerstoff) u. a.

Man bezeichnet die imprägnierte Weichstoffpackung auch als „selbstschmierende Packung". Bei hochwertigen, richtig eingebauten und gewarteten Packungen hält diese Schmierwirkung lange an; bei Aufhören ist die Packung zu erneuern.

Außer den genannten Packungswerkstoffen und Tränkungsstoffen enthalten viele Packungen noch künstliche Beschwerungen mit Schwerspat, Bleiglätte und ähnlichen Füllstoffen. Diese sind infolge der schmirgelnden Wirkung schädlich. Erkennbar sind solche Beschwerungen am hohen spezifischen Gewicht der Packung, das also kein Maß für die Güte ist. Auch gefälliges Aussehen entscheidet nicht; dieses kann die Folge reichlichen Paraffinzusatzes sein (die Packung erscheint haltbarer als eine in reinem Talg gearbeitete Packung). Durch künstliche Härtung kann unsachgemäße Flechtung oder minderes Garn verdeckt werden. Zur Kontrolle wird entfettet und damit festgestellt, ob langfaseriges Garn oder kurzstapeliges Abfallgarn vorhanden ist.

Außer den genannten Formen kommt die Weichpackung noch als Knetpackung und Stopfpackung vor (z. B. Weißmetallspäne, getränkt mit Flockengraphit und Öl); die Vorratshaltung ist dann sehr einfach (feine und grobe Späne für kleine und große Stopfbüchsenräume). Weiter in Form fertiger Ringe; diese können geschlitzt sein (wie selbstspannende Kolbenringe mit verschiedenen Stoßformen) oder ungeschlitzt. Unter den dafür verwendeten Werkstoffen sind z. B. It-Stoffe zu nennen, andere sind sogenannte Weichgraphitringe (Graphit mit Gummi vulkanisiert; weisen gute Elastizität und Beständigkeit bis 350° auf, ohne daß ein Austreten des Bindemittels zu befürchten wäre), wieder andere Ringe (Halbringe) bestehen aus Flocken von Weißmetalllegierungen (Übergangsbauart zu den Metallpakkungen!).

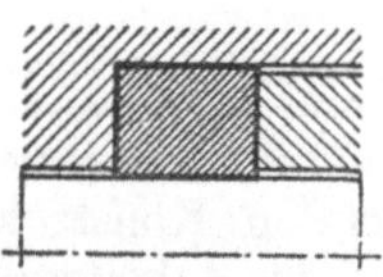

Abb. 65. Weichpackung (Weichstoffe, Stopfmassen usw.). A Dichtung durch Querdehnung des Dichtungs-Werkstoffes unter der Einwirkung einer von außen (Brille) aufgebrachten Kraft („äußere Kraft" im Gegensatz zur Anpressung durch den Betriebsdruck: „innere Kraft"). R Dichtung wie bei ruhenden Maschinenteilen; Dichtkraft ist die äußere Kraft. T Verdichtung des Gefüges durch die Dichtkraft; Ausfüllung der Zwischenräume (bei Faserstoffen) durch Schmiermittel; die Undichtheit durch Teilfugen wird durch hintereinandergeschaltete Dichtungselemente mit versetzten Teilfugen möglichst beseitigt. Anpreßwirkung durch den Betriebsdruck (innere Kraft) vorhanden, aber nicht näher bestimmbar. (A, R, T siehe Abb. 63).

Packungen aus Stoffgemischen (z. B. Verwendung eines Gummikernes in einer Baumwollepackung) zeichnen sich in einer beabsichtigten Richtung aus (z. B. durch größere Elastizität).

26. Wirkungsweise. Bei den Weichpackungen wird die Abdichtung der axialen Undichtheit durch die Querdehnung des Dichtungswerkstoffes infolge der äußeren Kraft (Brillenkraft) bewirkt. Die Abdichtung der radialen Undichtheit (vgl. Schema Abb. 65) entspricht der Wirkungsweise der Weichdichtungen bei ruhenden Dichtungen. Die Abdichtung der Werkstoffundichtheit erfolgt durch Verdichtung des Gefüges durch die Dichtkraft; vielfach (bei Faserstoffen) werden die Zwischenräume durch das Tränken abgedichtet (das Tränkungsmittel erfüllt also außer den bereits angeführten Zwecken auch noch diesen!). Bei geteilten Packungsringen wird die Teilfugenundichtheit durch Hintereinanderschalten von mehreren Packungsringen beseitigt, wobei die Teilfugen versetzt werden.

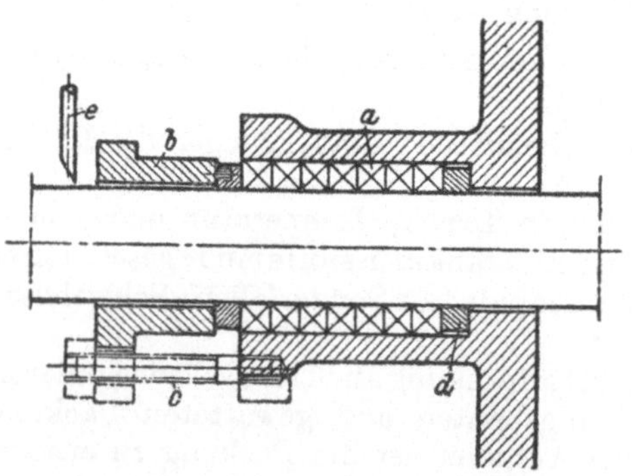

Abb. 66. Stopfbüchse mit Weichpackung: a Packungsringe; b Brille; c Brillenschrauben; d Grundring; e Tropfschmierung.

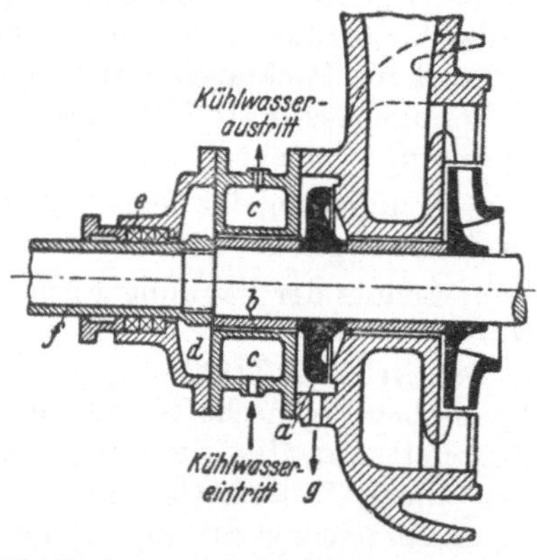

Abb. 67. Stopfbüchse einer Heißwasser-Hochdruckspeisepumpe. Welle mit hoher Drehzahl umlaufend, durch leicht zu erneuernde Wellenschutzbüchse f geschützt. Das Leckwasser wird beim Durchfließen des Spaltes b kräftig gekühlt, die Stopfbüchse e mit Weichpackung erhält daher nur mehr mäßige Temperaturen. Abzudichtender Druck bewirkt meist schon allein genügend Anpreßkraft; Brille daher nur leicht anziehen. Wichtig ist: vollkommen ruhiger, erschütterungsfreier Lauf der Welle.

Auch bei dieser Packung hat der Betriebsdruck einen Einfluß auf die Verhältnisse in der Packung, er ist aber nicht näher bestimmbar.

Ein Beispiel für die konstruktive Ausbildung einer Stopfbüchse mit Weichpackung zeigt Abb. 66.

Einen besonders schwierigen Fall stellt die Heißwasser-Hochdruckstopfbüchse, Abb. 67, dar.

27. Verpacken einer Stopfbüchse mit normaler Weichpackung. Vor dem Beginn Gebrauchsanweisung und Einbauvorschrift der Herstellerfirma genau lesen!

Alte Packungsringe restlos entfernen (hierbei kann ein korkzieherähnliches Gerät nützlich sein!); ein „Nachpacken" unter teilweiser Belassung abgenützter Packungsringe ist im allgemeinen schlecht. Von der Packungsschnur so viele Stücke scharf abschneiden, als neue Ringe notwendig sind, um den Packungsraum fast ganz zu füllen; Länge dieser Stücke gleich dem mittleren Umfang des Packungsraumes (Stücke nicht zu lang schneiden; im eingebauten Zustand soll zwischen den Enden etwa 1 bis 2 mm Spielraum bleiben). Die einzelnen Packungsringe zusammenbiegen, mit den Schnittenden zuerst in den Packungsraum einlegen und dann mit der Stopfbüchsenbrille (nicht mit Stab u. dgl.!) auf den Grund der Stopfbüchse drücken Stoßstelle des ersten Ringes soll bei horizontalen Stangen seitlich, also nicht oben oder unten, liegen. Büchse mit einzelnen Ringen ausfüllen. Schnittenden übereinander liegender Ringe gegenseitig versetzen. Stopfbüchsenbrille nicht zu fest (unter Umständen nur mit der Hand, ohne Schlüssel) anziehen (im Betrieb quillt die Packung meist etwas und dichtet vollkommen ab).

In schwierigen Fällen können die Ringenden auch schräg abgeschnitten (überplattet) werden, so daß der Betriebsdruck ein Aufeinanderpressen der Enden und damit Abdichtung der Stoßstelle bewirkt!

Das übrig gebliebene Dichtungsmaterial ist in die Originalpackung zurück zu legen und diese in einem kühlen, luftigen, trockenen und dunklen Raum aufzubewahren. Wärme und Feuchtigkeit sind meist schädlich. Spiralförmiger Einbau der Packung ist unbedingt zu vermeiden!

28. Fehler bei Stopfbüchsen mit Weichpackungen. Undichtheit der Stopfbüchse: Ist die Stopfbüchse neu verpackt, so muß bei richtiger Packung die Undichtheit nach kurzer Zeit aufhören. Bei alter Packung kann durch vorsichtiges Nachziehen Abhilfe versucht werden; gegebenenfalls muß die Stopfbüchse neu verpackt werden.

Zu starkes Anziehen der Packung: Die Packung darf nur so stark angezogen werden, daß gerade Dichtheit erzielt wird; stärkeres Anziehen bringt hohe Reibung, Erwärmung und Verschleiß. Letzterer führt zu frühem Durchscheuern der Decke der Packung (bei nicht homogener Packung).

Maße der Packung stimmen nicht mit dem Packungsraum überein: Passende Packung besorgen! Klopfen bzw. Zusammenpressen muß vermieden werden, sonst erfolgt Herauspressen des Tränkungsstoffes und Beschädigung der Schnur.

Ungenaue Zentrierung der Stange in der Büchse: einseitiges Drücken der Packung mit vorzeitiger Abnützung als Folge.

Zu große Bohrung der Grundbüchse: Einklemmen der Packung zwischen Stange und Grundbüchse. Abhilfe durch Einlegen eines Grundringes mit richtigem Spiel oder eines geeigneten Vorlage-Packungsringes.

Brille und Grundbüchse sind nicht gleichachsig (Verkanten der Brille): Verkeilung der Packung, einseitiges Pressen, kürzere Lebensdauer. Abhilfe: gleichmäßiges Anziehen der Schrauben, Vermehrung der Schraubenzahl (evtl. mit Einrichtung zum gleichzeitigen Anziehen), Ausbildung der Brille mit Außengewinde oder als Überwurfmutter.

Zu kurzer Packungsraum: Ungenügende Anzugsmöglichkeit, kurze Lebensdauer. Abhilfe: Austausch der Packung gegen eine mit kürzerer Baulänge.

29. Empfehlungstabelle für Weichpackungen (nach DIEGMANN).

Kaltwasserpumpen: Getalgte Packungen aus weichem und langfaserigem Hanf- oder Baumwollgarn, evtl. auch verbesserte Talkumpackung; Talg muß unbedingt säurefrei sein, da sonst die Kolbenstangen angegriffen werden. Niemals, auch für die folgenden Verwendungszwecke, Jute. Diese geht schnell in Fäulnis über, ist spröde und greift die Stangen an.

Warmwasserpumpen: Bis 70°: Packungen aus langfaserigem Hanf,-Baumwolle, Flachs, Ramie; Tränkung: hochschmelzendes Fett, niemals Talg, da Talg einen niedrigen Schmelzpunkt hat. Über 70°: Asbestpackungen. Wegen Verbrennungsgefahr niemals Packungen aus vegetabilen Faserstoffen.

Hydraulische Anlagen (siehe auch Abschn. 30, Stulpdichtungen!): Bei glatten Kolbenstangen: Packungen aus Ramie mit Paragummikern, bei riefigen Stangen Hanfbleipackung u. a.

Sattdampf: Niedrige Drücke (bis etwa 6 at): langfaseriger Hanf, Baumwolle, Flachs bzw. Kombinationen, Asbest; Tränkung: hochschmelzendes Fett, Graphitierung.

Mittlere Drücke (bis etwa 9 at): Asbestgraphitpackungen, Asbesttalkumpackung, geölt; keine Packungen aus vegetabilen Faserstoffen.

Überhitzter Dampf: Beste Asbestgraphitpackung, Asbestgraphitpackung mit Kupfer- oder Bleidraht durchflochten.

Zuckersaft-, Bier-, Maischepumpen: Trockene Baumwolle, am besten Ramiepackung; Tränkung beeinflußt unter Umständen den Geschmack der Flüssigkeiten.

Säuren und Laugen: Asbestpackung; Tränkung: säurefestes Fett. Evtl. mit Bleidraht durchflochten. Keine vegetabilen Faserstoffe.

Kreiselpumpen: Packungen aus weichem Baumwollmaterial; Tränkung: hochschmelzendes Fett, metallfreie Ölgraphitmasse.

Das Anwendungsgebiet der Weichpackungen ist sehr groß. Sie eignen sich für Flüssigkeiten, Gase und Dämpfe, auch bei hohen Temperaturen und hohen Gleitgeschwindigkeiten, richtige Bau- und Packungsstoffe vorausgesetzt. Die obenstehende Empfehlungstabelle bietet Anhalte für die Auswahl.

In Fällen, wo die Weichstoffe nicht mehr ausreichen, werden Kombinationen von Weichstoffen und Metallen ausgeführt.

B. Metall-Weichstoff-Packungen.

Zwecks Erhöhung der Festigkeit werden den Weichstoffen häufig Drähte aus Blei u. a. eingeflochten, zur Verminderung der Reibung und des Verschleißes auch Bronzedrähte; damit ist eine Bauformreihe der Metall-Weichstoff-Packungen gekennzeichnet.

Weitere Bauformen sind aus den Abb. 68 bis 72 ersichtlich.

Allgemein ist zu sagen, daß zwar die Verwendung von Metall die Elastizität (insbesondere die Querdehnung!) und damit auch die Dichtfähigkeit vermindert. Dieser Nachteil wird aber tatsächlich in den meisten Fällen mehr als aufgehoben durch die Vorteile: Erzeugung vorwiegend metallischer Gleitflächen, wodurch die Packungen geringeren Verschleiß und damit eine größere Lebensdauer erhalten, als solche aus Faserstoffen allein; auch die Reibungsverluste sind geringer. Die fehlende Elastizität des Werkstoffes wird — das ist ein wesentlicher Unterschied in der Wirkungsweise gegen die meisten Weichpackungen — durch entsprechende Formgebung ersetzt.

Metall-Weichstoff-Packungen sind auch für hohe Drücke geeignet unter der Voraussetzung, daß die Festigkeit der Ringe unzulässige Formänderungen durch den Betriebsdruck verhindert.

Das Anwendungsgebiet liegt dort, wo Weichstoffpackungen nicht mehr entsprechen und reine Metallpackungen noch nicht am Platze sind.

Ein grundsätzlicher Nachteil gegenüber den Weichpackungen ist die geringe seitliche Nachgiebigkeit; ist diese unbedingt nötig, so muß die ganze Packung beweglich eingebaut werden.

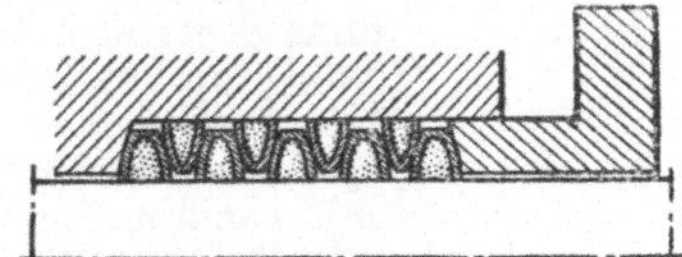

Abb. 68. Offene Metallringe, die mit graphitiertem Weichstoff angefüllt sind.

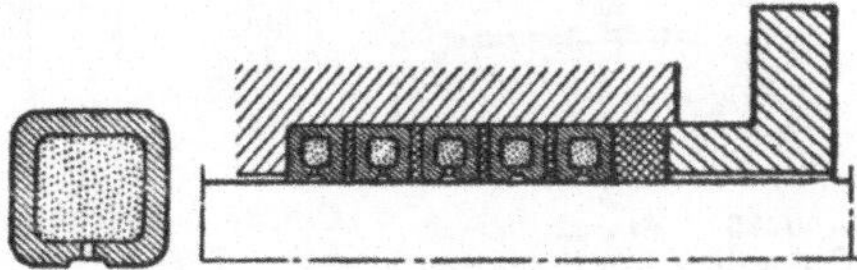

Abb. 69. Metall-Hohlringe, gefüllt mit Schmierstoff oder elastischen Einlagen und Zwischenlagen aus Weichstoff.

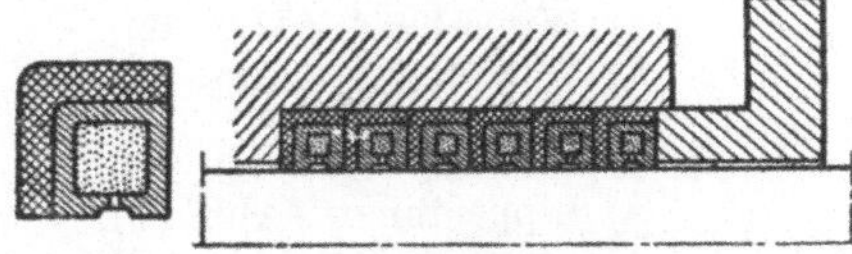

Abb. 70. Metall-Hohlringe mit Schmierstoffeinlage und aufvulkanisierter Winkelmanschette als Polsterung.

Einbau.

Wenn möglich sind ungeteilte Ringe zu verwenden. Fast alle Ringausführungen sind aber auch zweiteilig erhältlich, manche auch einschnittig (geschlitzt); einschnittige Ringe müssen für das Überschieben über die Welle (Stange) spiralförmig aufgebogen und dann wieder zusammengedrückt werden. Die Schnittebenen der Ringe sind gegeneinander zu versetzen. Alle Packungsringe müssen möglichst gleiche Pressung haben; sie sind daher beim Einbau einzeln anzuziehen. Meist reicht die Brille hierzu nicht aus, dann hilft man sich mit einer zweiteiligen Vorsatzbüchse, die gewissermaßen eine Verlängerung der Brille darstellt.

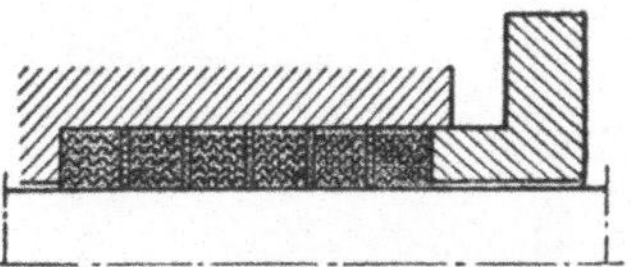

Abb. 71. Gewellte Metallbänder mit eingebetteten Weichstoffschnüren.

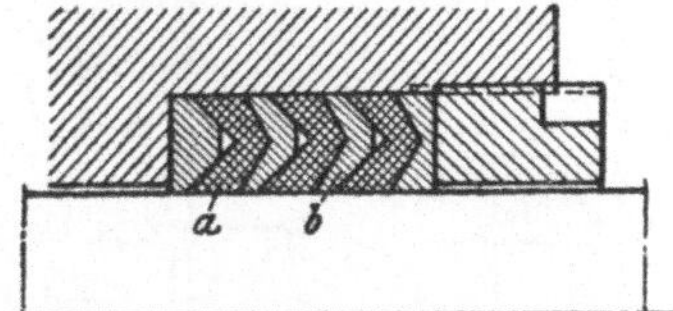

Abb. 72. Dachmanschetten aus Kunstgummi (a) und Zwischenscheiben b aus Weißmetall u. ä.

Abb. 68—72. Bauformen von Metall-Weichstoff-Packungen.

Die Ringe müssen Maße haben, die sowohl leichtes Überstreifen über die Stange als auch eine zügige Einführung in den Packungsraum ermöglichen.

C. Stulpdichtungen (Manschettendichtungen).

30. Übersicht über die Stulpdichtungen.

Abb. 73. Einfacher Stulp. Abdichtung der Undichtheitswege (siehe Abb. 63): A durch den Betriebsdruck, R durch die äußere Kraft (Brille), T Gefügeundichtheit entsprechend dem verwendeten Werkstoff; Teilfugenundichtheit entfällt.

Grundformen: Einfacher Stulp (Abb. 73).
Doppelter Stulp (Abb. 74).

Bauformen des einfachen Stulpes:

1. Hutstulp
   a) mit Brille (Abb. 75),
   b) mit Überwurfmutter (Abb. 76).
2. Topfstulp
   a) für eine Druckrichtung (Abb. 77),
   b) für zweiseitige Abdichtung (Abb. 78).
3. Stulp mit Anpreßfeder (Abb. 79).

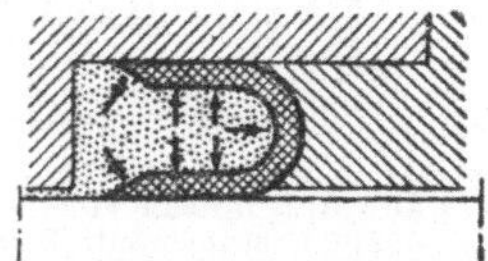

Abb. 74. Doppelter Stulp. Undichtheitswege A und R durch den Betriebsdruck gedichtet, T wie bei Abb. 73.

Bauformen des doppelten Stulpes:

1. Nutringstulp
   a) normale Querschnitte (für Leder u. ä.) ohne Stopfbüchsenbrille (Abb. 80), mit Stopfbüchsenbrille (Abb. 81), mit Stulpmutter (Abb. 82).
   b) Querschnitte für Kunststoffe mit rundem Rücken (Abb. 83), mit flachem Rücken (Abb. 84).
2. Metallmanschetten
   a) mit Kegelring Abb. 85),
   b) mit Weichstoff-Füllung (Abb. 86).
3. Dachstulpe (Winkelstulpe)
   a) Winkel 60° (Abb. 87),
   b) Winkel 90° (Abb. 88),
   c) Winkel 120°.
4. Lippenring (Abb. 89)
   a) Lippe innen (Abb. 90),
   b) Lippe außen (Abb. 91).

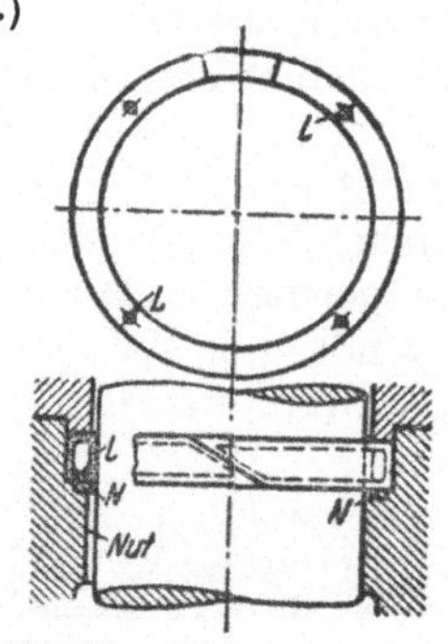

Abb. 75. Einbau eines Hutstulpes mit Brille.

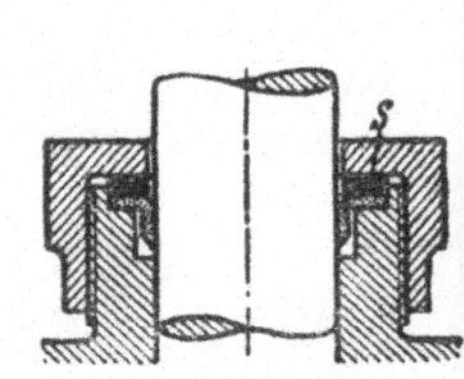

Abb. 76. Einbau eines Hutstulpes mit Überwurfmutter.

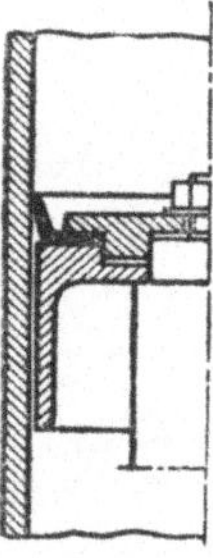

Abb. 77. Einbau eines Topfstulpes für eine Druckrichtung (einfach wirkender Kolben).

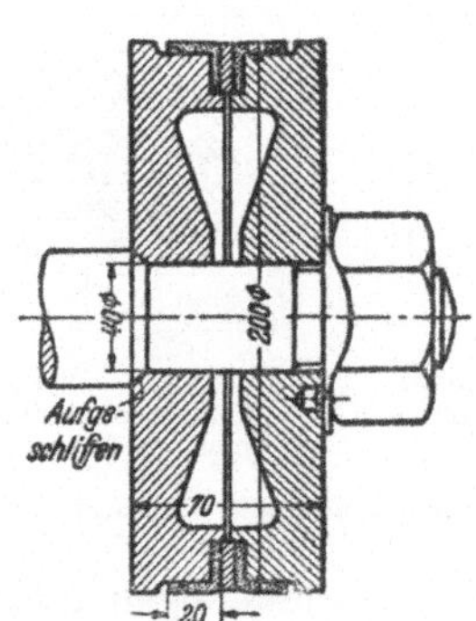

Abb. 78. Einbau eines Topfstulpes für zweiseitige Druckwirkung (Doppeltwirkender Kolben).

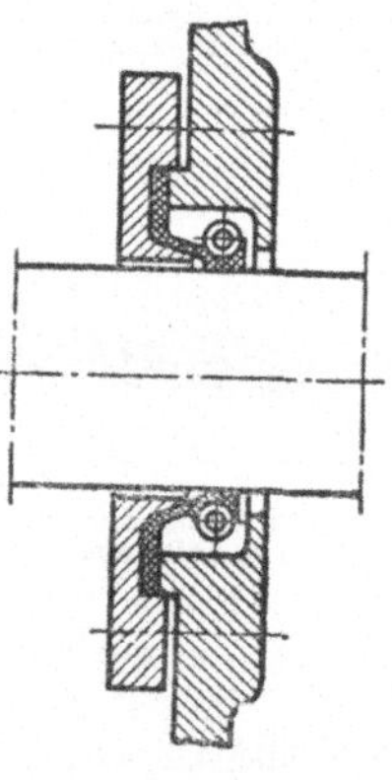

Abb. 79. Stulp mit Anpreßfeder (Wellendichtung; Weiterentwicklung siehe Abb. 145 bis 146).

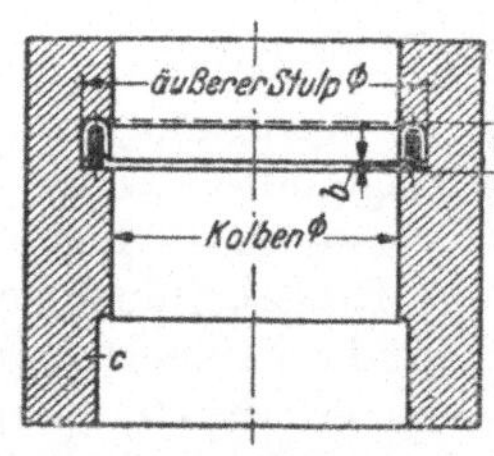

Abb. 80. Einbau eines Nutringstulpes ohne Brille. a = Höhe der in den Zylinder eingedrehten Stulpenkammer. Beim Einlegen der Fülleinlage hebt man die innere Lippe der Dichtung hoch. b = Maß (etwa 2 mm), um welches die innere Stulpenhöhe oder Lippe gegenüber der äußeren niedriger ist.

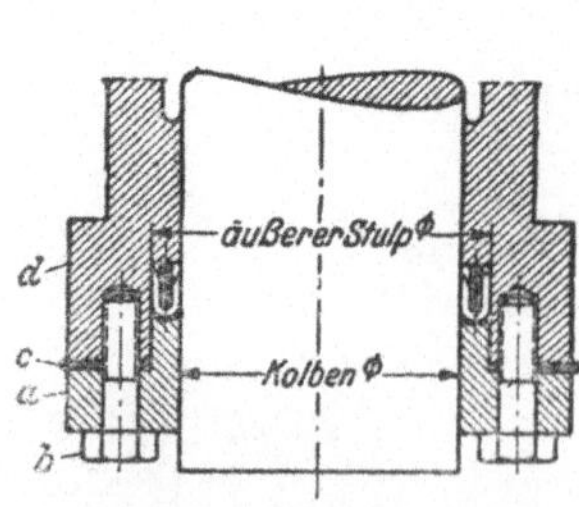

Abb. 81. Einbau eines Nutringstulpes mit Brille.
a = Brille, je nach Beanspruchung aus Gußeisen oder Stahl.
b = Befestigungsschrauben für die Brille; vorteilhaft sind Stiftschrauben.
c = Einlagebleche oder Abstandsblech, an 4 Stellen des Umfangs verteilt.

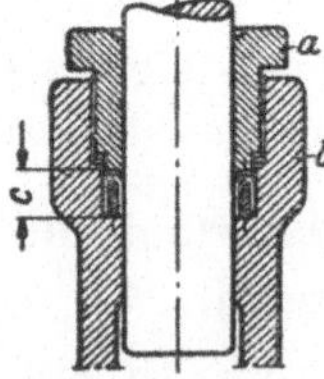

Abb. 82. Einbau eines Nutringstulps mit Stulpmutter. a = Stulpmutter. Der Absatz vor dem Gewinde muß etwa 2 bis 4 mm in den Stulpraum hineinragen. Dichtung daher immer etwas niedriger als c. b = Zylinderkopf. c = Höhe des Stulpenraumes.

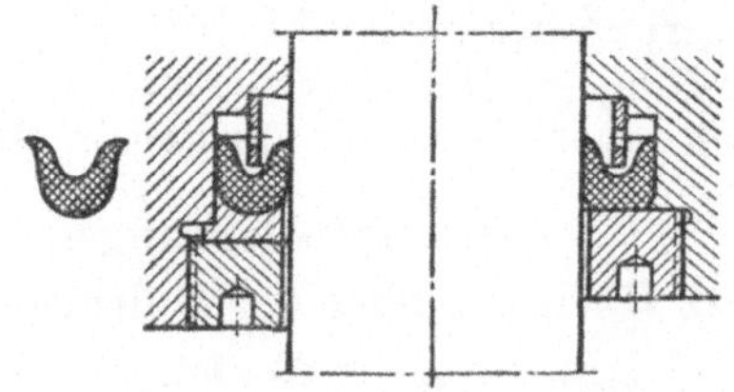

Abb. 83. Mit rundem Rücken, mit Stützring.

Abb. 84. Mit flachem Rücken, ohne Stützering.

Abb. 83/84. Nutringstulpe aus Kunststoffen.

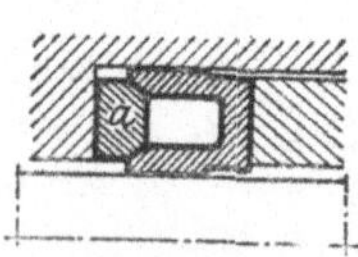

Abb. 85. Metallmanschette.

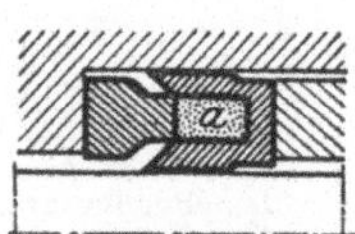

Abb. 86. Metallmanschette mit Weichstofffüllung a.

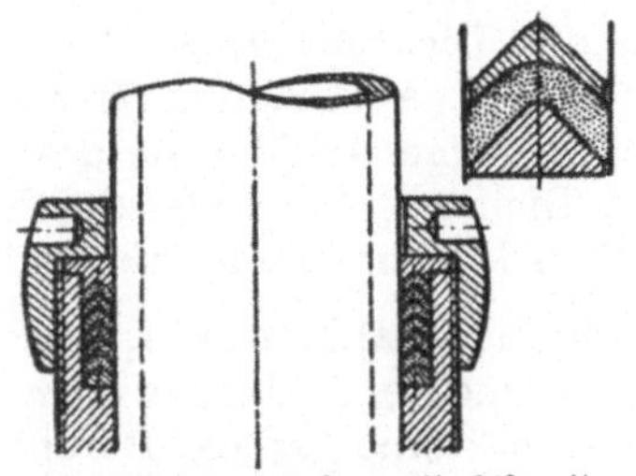
Abb. 88. Dachstulpe mit 90° mit Zwischenstützringen.

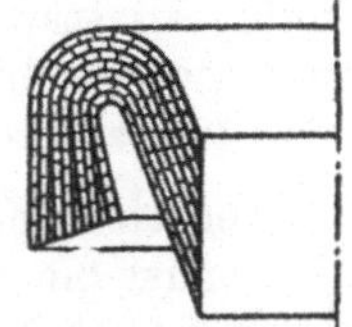
Abb. 89. Querschnitt einer Lippendichtung.

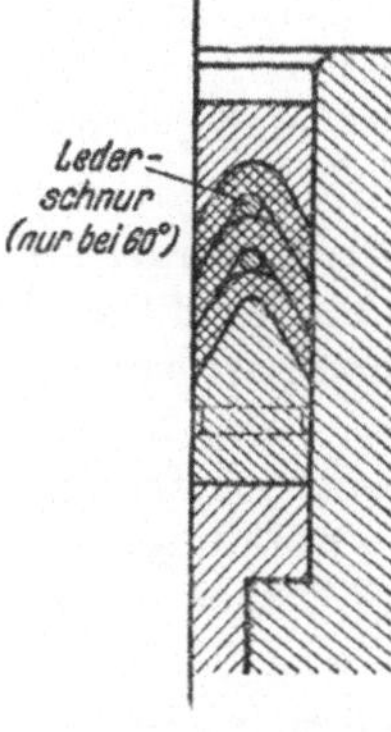

Abb. 87. Dachstulpe mit 60°.

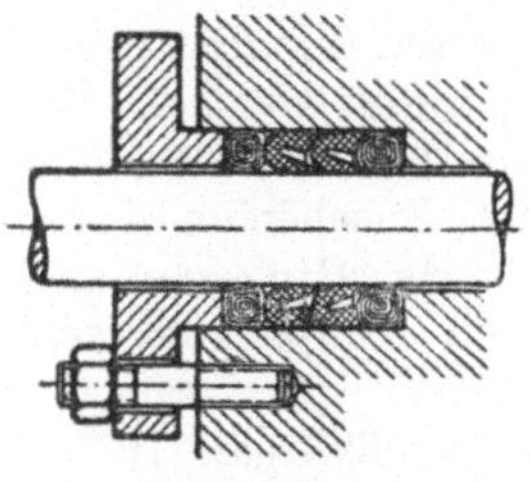
Abb. 90. Ortsfeste Lippendichtung mit innenliegenden Lippen (Kolbenstangenstopfbüchse); Weichstoff-Druckringe. Einfach wirkend.

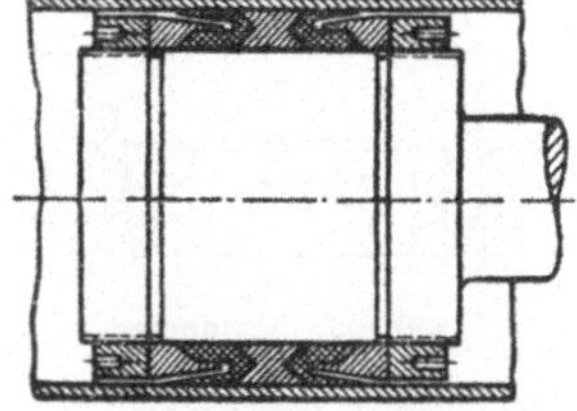
Abb. 91. Ortsbewegliche Lippendichtung mit außen liegenden Lippen (Kolbendichtung); Metallstützringe. Doppelt wirkend.

31. Wirkungsweise. Stulpdichtungen sind insbesonders zur Abdichtung hoher bis höchster Drücke bei mäßigen Temperaturen und Gleitgeschwindigkeiten sehr geeignet.

Bei den einfachen Stulpdichtungen (Abb. 73) wird nur die Abdichtung der beweglichen Dichtfläche durch den Betriebsdruck bewirkt; bei der doppelten Stulpdichtung (Abb. 74) werden bewegliche und ruhende Dichtfläche durch den Betriebsdruck abgedichtet. Es sind auch Zwischenformen vorhanden, bei denen die ruhende Dichtfläche teilweise durch äußere Kraft (Brillenkraft) abgedichtet wird (insbesondere bei den Lippendichtungen). Andere Stulpdichtungen ersetzen die Spreizwirkung des Betriebsdruckes durch die Spreizwirkung entsprechend geformter Druckringe (Abb. 85 und 86) und verzichten mehr oder weniger auf die Wirkung des Betriebsdruckes (Metallmanschetten); die letztgenannten Formen bilden aber Ausnahmen.

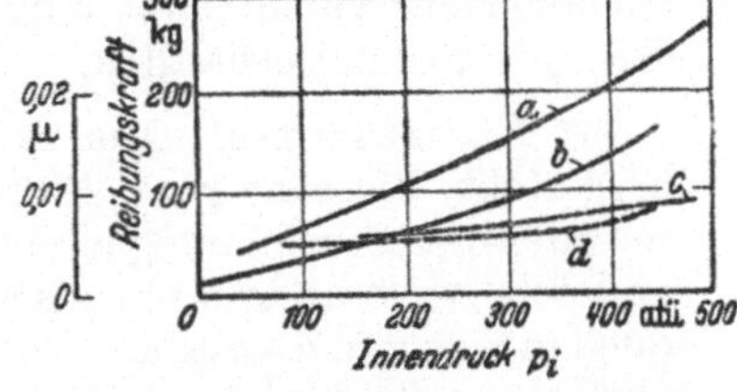

Abb. 92. Reibungskraft und Reibungsziffer von Ledermanschetten in Abhängigkeit vom Innendruck p_i (nach GRONAU); Kolbendurchmesser 95 mm, Dichtungslänge 15 mm. a Reibungskraft für chromgare Ledermanschetten; b Reibungskraft für lohgare Ledermanschetten; c Reibungsziffer für chromgare Ledermanschteten; d Reibungsziffer für lohgare Ledermanschetten.

Infolge der dichtenden Wirkung des Betriebsdruckes nimmt die Anpressung an die bewegte Dichtfläche und damit auch die Reibung ungefähr proportional mit dem steigenden Betriebsdruck zu (Abb. 92). Die Reibungsziffer ist sehr gering ($\mu = 0{,}006$ bis 0,01).

Die Gefahr des plötzlichen Versagens besteht infolge der Möglichkeit, daß der Betriebsdruck anstatt die Dichtung anzupressen, dieselbe abhebt. Ursache: schlechtes Passen der Stulpe. Sicherung dagegen: einwandfreie Beschaffenheit der Stulpdichtung, insbesondere gutes Anliegen der Dichtungslippe; Verwendung mehrerer Dichtringe, wie dies z. B. bei Dachstulpen (Abb. 87 und 88) die Regel ist. Das Anliegen wird unter Umständen durch kegelige Ausführung des Stulpes (Abb. 77), durch entsprechende Ausbildung der Dichtungslippe oder durch zusätzliche Anpreßfeder (Abb. 79) (im einfachsten Fall federnder Drahtring) gesichert.

32. Werkstoffe der Stulpdichtungen. a) Leder: 1. lohgares, 2. chromgares. Lohgares Leder ist bis etwa 40°, chromgares Leder bis etwa 85° verwendbar; bei Imprägnierung auch höher. Leder hat eine geringe Durchlässigkeit; Imprägnierung macht das Leder dicht und auch gegen chemische Einflüsse widerstandsfähig. Chromgares Leder ist ölfest. Bei allen Tränkungen besteht aber die Gefahr, daß sie mit der Zeit aus den Fasern gelöst werden.

Lederstulpe werden durch Pressen ringförmiger Lederscheiben hergestellt (Abb. 93), die in warmem Wasser gut aufgeweicht sind. In der Form läßt man den Ring erkalten und hart werden; dann folgt Zuschärfen durch Abdrehen. Durch Einfetten wird der Ring geschmeidig und gebrauchsfertig.

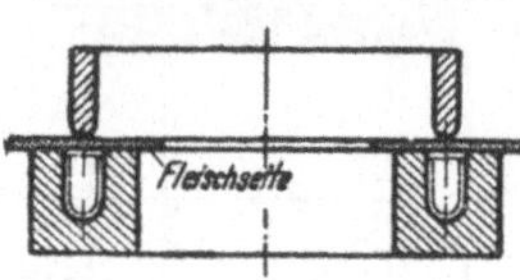

Abb. 93. Stulppresse.

Zu hohe Stulpe sind schlecht (Faltenbildung, Abheben), ebenso scharfkantige Ausführung (Faserverlagerung beim Preßvorgang!).

Die Lederstärke ist nach dem Durchmesser des Ringes abgestuft (mittlere Stärke etwa 4 mm).

b) Guttapercha ist nur für niedrige Temperaturen (etwa 45°) verwendbar. Es trocknet nicht aus und quillt nicht in Wasser, was besonders für längere Betriebsstillstände wichtig ist. Es ist säure- und laugenbeständig, soll aber nur mit pflanzlichem Öl in Berührung kommen. Guttapercha ist vollkommen undurchlässig. Stulpe daraus können praktisch in jeder Größe und mit jedem Querschnitt angefertigt werden. Die Herstellung erfolgt durch Vorpressen in Formen und nachheriges Abdrehen. Es ist möglich, besonders der Abnützung unterworfene Stellen verstärkt auszuführen. Stulpe aus Guttapercha sind maßhaltiger als Lederstulpe normaler Ausführung.

c) Gummi erfordert teure Vulkanisierungseinrichtungen und hat geringe Druckfestigkeit. Seine Verwendung erfolgt besonders bei den Lippendichtungen, welche aus Baumwollschichten (Asbestschichten) bestehen, die mit elastischen Bindemitteln vulkanisiert sind (Abb. 89 bis 91); aber auch gewöhnliche Stulpe sind aus Gummi erhältlich.

d) Kunststoffe. Aus synthetischen Erzeugnissen werden Dichtungsstoffe hergestellt, die sehr gute Eigenschaften aufweisen; sie kommen unter den verschiedensten Bezeichnungen in den Handel. Widerstandsfähigkeit gegen Öl, Benzin und sehr viele andere chemische Einflüsse; trocknen an der Luft nicht aus und quellen nicht in Wasser und anderen Flüssigkeiten; vollständig dichtes, homogenes Gefüge; große Abriebfestigkeit; nicht oxydierend; alterungsbeständig; gute Laufeigenschaften; Temperaturbeständigkeit aber nur mäßig, in Sonderfällen bis 200°. Anfertigung der Ringe auch ohne Preßformen, nur durch Drehen (bei Einzelfertigung). Herstellung in verschiedenen Härtegraden (weichgummiähnlich bis glashart).

33. Einbau der Stulpdichtungen. (Nachstehende Ausführungen beziehen sich auf ortsfeste Dichtungen, also Dichtungen von Stangen, Tauchkolben; Dichtungsanordnungen in Kolben — ortsbewegliche Dichtungen — erfordern gewisse Änderungen in den Überlegungen!)

Starkwandige Stulpe aus Leder, Guttapercha und manchen Kunststoffen sind vor dem Einbau in warmes Wasser (25 bis 30°) zu legen oder in einen entsprechend warmen Raum zu bringen, um sie geschmeidiger zu machen. Das Einweichen des Leders hat aber mit Sorgfalt zu geschehen. Der Stulp geht dabei leicht aus der Form. Bei zu heißem Wasser wird die Lederfaser spröde, auch wird die Imprägnierung entzogen und der Stulp trocknet leichter ein. Liegt die Ausführung ohne Brille vor (Abb. 80), so muß nach dem Einbringen des Ringes dessen Knickstelle wieder sorgfältig geglättet werden. Das Überstreifen über den Kolben dürfen keine Ansätze oder Verstärkungen hindern. Der Stulp soll beim Einbau durch seine eigene Federung an beiden Dichtflächen gleichmäßig anliegen; das bedingt ein geringes Untermaß gegen den Kolben. Das Außenmaß soll Schiebesitz des Ringes in der Aussparung des Zylinders ergeben. Besonders bei abgenützten Kolben werden häufig auch kegelige Stulpe verwendet, auch sind die Dichtlippen bei Kunststoffringen häufig leicht kegelig. Für Dichtheit bzw. Verschleiß wichtig ist genau zylindrische Form bzw. Oberflächenbeschaffenheit des Kolbens.

Einfache Stulpe werden durch Brille (Abb. 75) oder Überwurfmutter (Abb. 76) an radialen Dichtflächen festgeklemmt.

Doppelte Stulpe erhalten meist Stützringe aus Metall oder Leder und ebensolche Druckringe (Stulphalter, Verschleißring) oder entsprechende Ausbildung der betreffenden Stopfbüchsenteile (Abb. 80 bis 84). Zweck des Stützringes ist, zu verhindern, daß der Stulp durch die Reibung mitgenommen wird (Wandern des Stulpes) und die zugeschärften Ränder im Grunde aufstoßen und dadurch verbogen werden. Der Stützring muß es dem Betriebsstoff ermöglichen, den Stulp richtig anzupressen; er ist deshalb gelocht. Manchmal wird das U des Stulpes auch mit getalgter Schnur oder mit einem Gummiring ausgefüllt; ersteres dient auch gleichzeitig der Fettung des Stulpes, bei letzterem ist zu beachten, daß kein zu starker seitlicher Anpreßdruck durch die Brillenkraft bzw. die Querdehnung des Gummiringes entsteht.

Empfehlenswert ist, die Brille am Gehäuse aufsitzen zu lassen, evtl. unter Verwendung einer herausnehmbaren Zwischenlage (Abb. 81); man verhindert dadurch ein Festklemmen, Verspannen oder Verdrücken des Stulpes. Einbau ohne Brille (Abb. 80) ergibt kleinstmögliche Baulänge der Stopfbüchse.

Der zugeschärfte Rand des Stulpes dient auch zum Abstreifen des Betriebsstoffs.

Werden Lederstulpe zur Abdichtung von Luft genommen, so ist der Austrocknung dadurch vorzubeugen, daß z. B. Sperrwasser verwendet wird. Luft ist auch wegen Verbindung des Sauerstoffes mit der Fetttränkung unter Bildung von Fettsäuren gefährlich (Anfressungen des Kolbens!).

Dachstulpe werden mit Winkeln von 60, 90 und 120° ausgeführt, bei hohen Drücken häufig mit Zwischenstützringen (Abb. 88). Mit 120° ergeben sie so geringe Anpressungen durch den Flüssigkeitsdruck, daß dieser allein zur Abdichtung nicht genügt, sondern auch die Brillenkraft dazu dient.

34. Betrieb mit Stulpdichtungen. Als Voraussetzungen für den einwandfreien Betrieb von Dichtungen für hohen hydraulischen Druck stellt SONDERMANN folgende Forderungen auf:

a) Die Druckflüssigkeit soll frei sein von Verunreinigungen und Luft,

b) der Kolben muß aus geeignetem Werkstoff hergestellt sein und glatte Oberfläche haben,

c) die Dichtflächen müssen durch gute Führung des Kolbens von seitlichen Kolbendrücken entlastet sein. (Die Aufgaben des Dichtens und Führens sind bei allen Stopfbüchsendichtungen zu trennen und eigenen Bauteilen zuzuweisen!).

Allgemein wird für Pressen ein reichliches Einschmieren des Kolbens mit Vaseline empfohlen. Der Kolben ist sorgfältig von Ölkrusten u. dgl. rein zu halten.

D. Metallpackungen.

35. Allgemeines. Bei hohen Ansprüchen, wie z. B. hohen Temperaturen des Betriebsstoffes, hohen Gleitgeschwindigkeiten der Dichtflächen aufeinander, genügen die vorstehend beschriebenen Bauarten nicht mehr und man wendet Metallpackungen (Stopfbüchsen mit metallischer Liderung) an.

Ihre Vorteile, die bei den einzelnen Bauarten mehr oder weniger zutreffen, sind: Bei richtiger Schmierung geringe Reibung und Abnützung der Dichtflächen; selbsttätiges Nachstellen; daher dauernde, zuverlässige Abdichtung. Kein nachträgliches Anziehen, vollkommene Wartungslosigkeit, daher auch Einbau an unzugänglichen Stellen möglich. Die Temperaturbeständigkeit liegt in derselben Größenordnung wie bei Kolbenringen. Vollkommene Beweglichkeit (Einstellbarkeit) der Stange. Reibung weitgehend gleichbleibend, da keine Gefahr des Festziehens.

Anpressung der Dichtflächen meist durch äußere Kraft und Betriebsdruck.

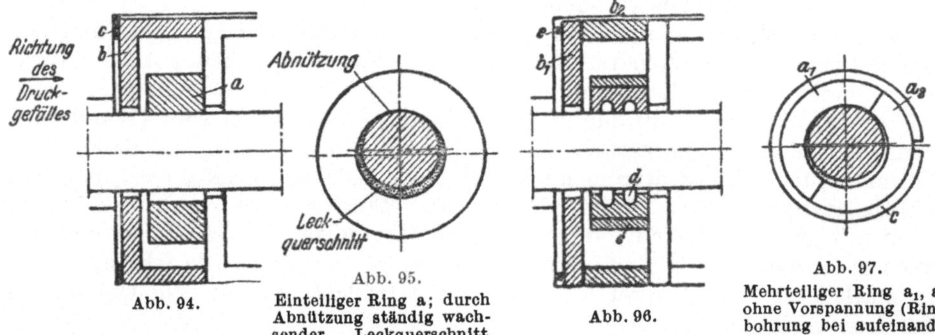

Abb. 94. Keine Nachstellmöglichkeit. In dieser Form meist nur als Hilfs-Dichtungselement verwendet. Kammer b als Kammerwinkel ausgeführt; Abdichtung der Kammer durch Flachdichtung c. Diese Bauart gehört streng genommen zu den berührungsfreien Dichtungen!

Abb. 95. Einteiliger Ring a; durch Abnützung ständig wachsender Leckquerschnitt.

Abb. 96. Abb. 97. Mehrteiliger Ring a_1, a_2, ohne Vorspannung (Ringbohrung bei aufeinander liegenden Segmenten größer als der Stangendurchmesser). Rillen d in der Ringbohrung sollen Labyrinthspaltwirkung hervorrufen. Kammer aus leicht zu bearbeitenden Teilen b_1, b_2 aufgebaut. Zusammenhalt der Ringteile durch Ringfeder c mit rechteckigem Querschnitt, welche gleichzeitig die Teilfugenundichtheit am äußeren Umfang des Dichtringes deckt. Abdichtung der Kammer durch Formdichtung e (Kupferring).

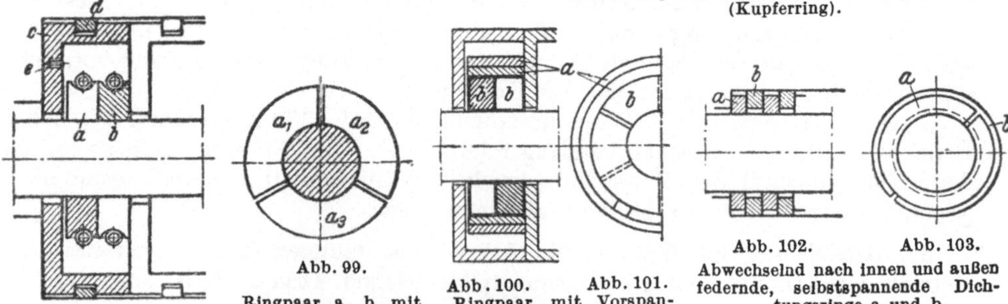

Abb. 98. Abb. 99. Ringpaar a, b mit Vorspannung (Ringbohrung bei aufeinander liegenden Segmenten kleiner als der Stangendurchmesser). Axiale Abdichtung durch Pressung durch Federkraft und Kammerdruck; radiale Abdichtung durch Dichtpressung infolge Kammerdruck, Fugenundichtheit weitgehend durch die Deckwirkung des zweiten Ringes beseitigt. Abdichtung der Kammern am äußeren Umfang durch selbstspannende Ringe d; Gewindelöcher e zum Herausziehen der Kammern.

Abb. 100. Abb. 101. Ringpaar mit Vorspannung, geteilt, mit gemeinsamer Doppelringfeder a. Diese schützt vor Auftreiben der Ringe b bei Überdruck des Mittels in der Bohrung der Dichtringe und deckt gleichzeitig die Teilfugen am äußeren Umfang ab; der zweite Ring deckt die Fugenundichtheit des 1. Ringes in axialer Richtung ab.

Abb. 102. Abb. 103. Abwechselnd nach innen und außen federnde, selbstspannende Dichtungsringe a und b.

36. Aufbau der Metallpackungen. Das Bauelement der Metallpackung ist in der überwiegenden Zahl der Fälle der Dichtungsring, der sich meist in einer Kammer befindet. In Abb. 94 bis 110 sind einige Bauarten der Dichtungsringe

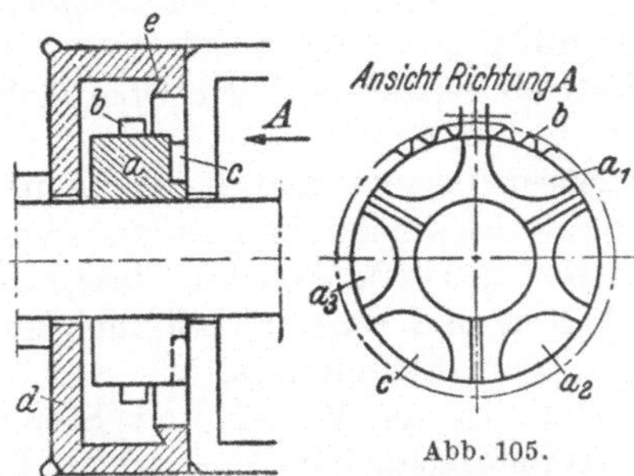

Abb. 104. Abb. 105.

Dichtringe mit Vorspannung, mehrteilig, a_1, a_2, a_3. Vorspannung durch Wellfeder b. Entlastung des Ringes vor zu starker Anpressung (schlechte Einstellung!) durch Entlastungsflächen c. Kammer d, aufgeschliffen, mit Versatz e zum Herausziehen.

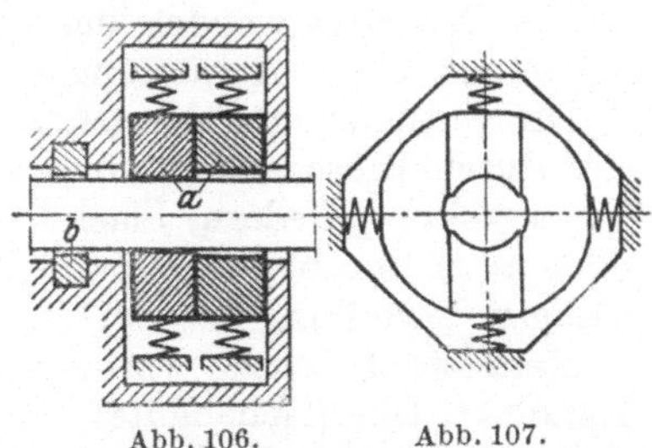

Abb. 106. Abb. 107.

Ringpaar, bestehend aus zwei gleichen, gegeneinander versetzten Dichtringen a mit tangentialer Teilung; Vorspannung durch radial wirkende zylindrische Schraubenfedern erzielt. Vollständige Packung. Für hohe Druckunterschiede Vorpackung b.

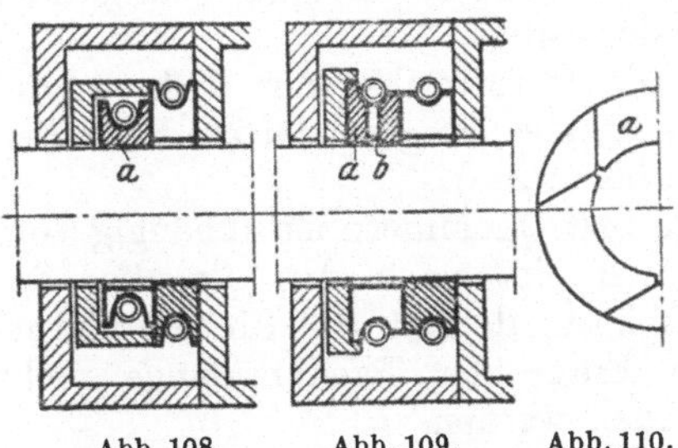

Abb. 108. Abb. 109. Abb. 110.

Weiteres Beispiel für tangentiale Teilung. Links: Schutz des Ringes a vor zu hoher Anpressung durch Einschließen in eigene Kammer. Rechts: Schutz des druckseitigen Ringes a vor Aufreißen durch Fangring, vor zu starker Anpressung durch Entlastungsbohrung b.

zusammengestellt; dabei sind auch verschiedene Einzelheiten verändert (Art der Erzeugung der Ring-Vorspannung, Entlastungsmaßnahmen usw.); die Ausführungen sind nur Beispiele für die vielen Möglichkeiten!

In Abb. 111 ist eine vollständige Stopfbüchse dargestellt; sie zeigt keine bestimmte Bauart, sondern soll nur einen Überblick über den Gesamtaufbau bieten.

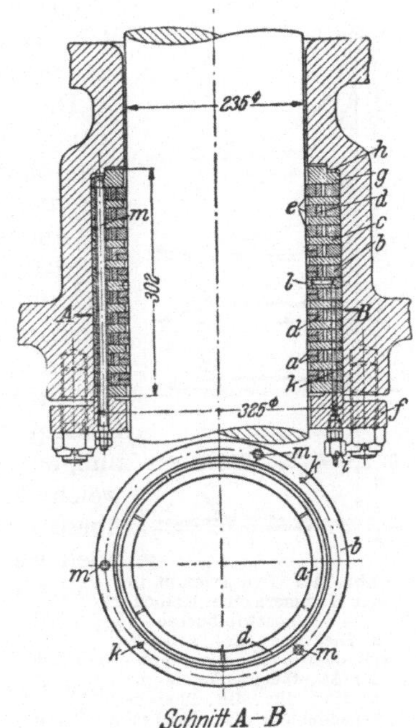

Abb. 111. Kolbenstangenstopfbüchse (Ausführungsbeispiel). a dreiteiliger Dichtring (mit Vorspannung durch d); Gußeisen, 180 Brinelhärte; b, c Kammerringe; d nach innen federnder Ring (Gußeisen); e Feuerringe (ohne Vorspannung, mit einigen Hundertstel Spiel); f Stopfbüchsenbrille; g Grundring; h Kupferdichtung; i Verschraubungen; k Bohrungen; l Ringnut (nicht zu hoch wegen Verkokung des Öles, nicht zu tief wegen ungenügender Schmierung der oberen Ringe!); m Anker.

37. Werkstoffe und Gestaltungsmaßnahmen. Das Material der Dichtungsringe ist dem Verwendungszweck angepaßt, besonders hinsichtlich seiner Temperaturbeständigkeit (Schmelzpunkt). Viel verwendet sind Weißmetallegierungen, Schmelzpunkt etwa 190 bis 240°; trotz dieses verhältnismäßig niedrigen Schmelzpunktes kann Weißmetall häufig für wesentlich heißere Betriebsstoffe (z. B. Heißdampf) verwendet werden, da die Kolbenstange meist nur eine mittlere Temperatur annimmt, die oft wesentlich unter der Temperatur des Betriebsmittels liegt (kurzzeitiges Auftreten der Höchsttemperatur, Unterbringung der Stopfbüchse an einer verhältnismäßig kühlen Stelle mit ziemlicher Wärmeabfuhr). Für höchste Temperaturen wird Gußeisen verwendet, das bei richtigem Betrieb glatte und harte Oberflächen und damit kleine Abnützung ergibt.

Der verschiedenen Ausdehnung des Stopfbüchseneinsatzes und der Einbauteile wird durch Einschaltung eines nachgiebigen Bauteiles Rechnung getragen (kurze Weichpackung, Federn, Flachdichtung aus Kupfer, It usw.). Weichpackungsringe sollen auch Staub und Unreinigkeiten zurückhalten und dienen auch zur gleichmäßigen Verteilung des auf die Stange aufgetropften Schmieröles.

Metallstopfbüchsen verlangen genaue Herstellung der Wellen und Stangen (Rundheit, Oberflächengüte); trotzdem dauert es im allgemeinen eine gewisse Zeit bis zum völligen „Einlaufen“ der Dichtungsringe.

Die seitliche Beweglichkeit wird meistens durch genügendes Spiel der Dichtringe in den Kammern erreicht. Kugelflächen, in der Packung, die eine Anpassung auch bei Schiefstellung der Stange ermöglichen sollen, sind im allgemeinen unwirksam. Die Schiefstellung der Stange führt zu Kantenpressungen der Ringe, dauerndes Schiefstellen zu entsprechendem Aufschleifen der Ringe.

Grundsätzlich sollte die Stopfbüchse nur dichten und nicht tragen. Letztere Aufgabe ist gesonderten Bauteilen zuzuweisen (Traglager, Führungen).

Die Anzahl der Ringe bzw. Kammern ist abhängig vom abzudichtenden Druck; sie ist nach den Angaben der Hersteller zu wählen. Es kann derzeit die für die Unterbringung entscheidende Frage der Packungslänge nicht rechnungsmäßig entschieden werden.

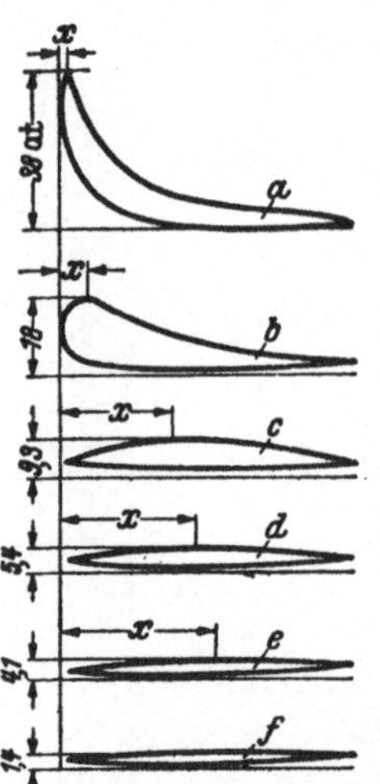

Abb. 112. Druckverlauf in den Kammern einer Kolbenmaschinenstopfbüchse: a Diagramm des Arbeitszylinders; b bis f Diagramme der Stopfbüchsenkammern; x Maß für die Phasenverschiebung des Höchstdruckes.

Strömungstechnisch betrachtet entspricht die Metallpackung meist einer Vereinigung von Spaltdichtung und Labyrinthdichtung: Spalte in der Länge der Dichtringe führen in Wirbelkammern, wo eine vollständige Vernichtung der Strömungsenergie stattfindet; infolge Unkenntnis des Spaltquerschnitts können aber höchstens Näherungsrechnungen durchgeführt werden. Bei Kolbenmaschinen, für welche Metallpackungen vor allem Verwendung finden, liegt überdies eine periodisch veränderliche Strömung vor, die noch wenig erforscht ist. Der Druckverlauf ist dann etwa nach Abb. 112. Meist sind die Stopfbüchsen praktisch dicht, so daß überhaupt keine Strömung im üblichen Sinn vorhanden ist, sondern es treten nur Auffüll- und Entleerungsvorgänge in den Kammern auf. Die verschiedenen Einflüsse auf den Verlauf des Vorganges, wie Hubzahl, Leckquerschnitt, Kammervolumen, Wärmeübergang u. a. machen den Vorgang zu einem sehr unübersichtlichen.

Ebenso wie bei den Leckverlusten ist es auch bei den Reibungsverlusten solcher Packungen kaum möglich, sie im voraus zu bestimmen.

38. Betrieb von Metallstopfbüchsen. Wichtig ist eine richtige Schmierung; meist werden Stopfbüchsen zu reichlich geschmiert. Es ist aber aus mehreren Gründen auf möglichst geringen Ölverbrauch zu achten:

a) aus Ersparnisgründen,

b) damit weniger Verkrustungen (Rückstände) entstehen, die zu Verstopfungen der Schmierölwege sowie zur Unbeweglichkeit der Packung führen können,

c) Überschmieren bringt die Gefahr des Eindringens von Zylinderöl in das Triebwerköl; letzteres wird verunreinigt, das Zylinderöl geht der Zylinderschmierung verloren.

Die Schmierung kann Tropf- oder Preßschmierung sein, je nachdem das Öl an druckloser Stelle oder gegen Druck zugeführt wird.

Für den Einbau der Packungen sind die Anleitungen der Hersteller maßgeblich. Für den Ausbau sind bei Dichtungsringen und Kammerwinkeln usw. entsprechende Gewindelöcher oder Rillen vorgesehen, in die Abzugeinrichtungen eingeschraubt oder eingehängt werden können.

Einige Gesichtspunkte für die *Wartung* von Kolbenmaschinenstopfbüchsen (nach MADUSCHKA):

Undichtheiten sofort beseitigen, denn sie führen zu raschem, ungleichmäßigem Verschleiß. Die einseitige Erwärmung kann zum Krummwerden der Kolbenstangen führen; krumme Stangen sind aber nicht mehr dicht zu bekommen.

Für Gasmaschinenstopfbüchsen wird der zulässige Flächendruck zwischen Kolbenstange und Dichtringen mit rund 0,2 kg/cm² angegeben.

Kreuzkopfführung und hintere Führung sind rechtzeitig dem Verschleiß der Gleitflächen anzupassen, damit die Kolbenstange nicht am festen Grund der Stopfbüchse gleitet und beschädigt wird.

Stopfbüchsen sind sorgfältig sowohl gegen Spritzöl aus dem Triebwerksraum als auch gegen das Öl abzudichten, das die Kolbenstange mitschleppt.

E. Schmierungslose Stopfbüchsen.

In neuerer Zeit werden sogenannte „schmierungslos arbeitende" Werkstoffe immer häufiger verwendet; das sind Werkstoffe, die keiner Fremdschmierung bedürfen. Es kommen derzeit in Betracht: Kunstkohle, Kunstharz-Preßstoffe und Sinterwerkstoffe auf Eisen- und Bronzegrundlage (mit Öl getränkt oder trocken). Ihre Bedeutung liegt vor allem in der Reinhaltung des Betriebsstoffes von Verunreinigungen durch das Schmiermittel, das oft nur sehr schwer wieder vollständig entfernt werden kann (z. B. ölfreie Druckluft bei Kolbenverdichtern, ölfreier Abdampf bei Gegendruck-Kolbendampfmaschinen).

Bekannt geworden sind Versuche mit

a) Kohlewerkstoffen mit mindestens 80 Gewichtsprozent Kohlegehalt, der Rest bestand aus Metalloxyden nebst anderen geringfügigen Beimischungen.

b) Bronze-Kohle-Werkstoffen mit 50 bis 75% Kupfer, 10 bis 20% Kohle und einem Rest von Zink, Zinn, Blei u. a.

c) Metallgemischen, jedoch ohne Kupfergehalt.

Die Versuche entsprachen weitgehend der Beanspruchung eines Stopfbüchsenringes einer Kolbenmaschine.

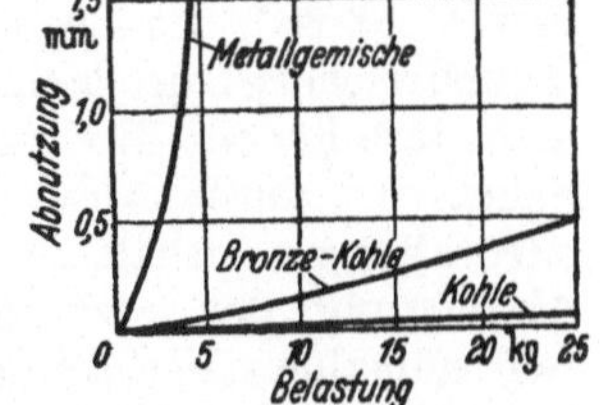

Abb. 113. Vergleich der Abnutzung schmierungslos arbeitender Werkstoffe. Zurückgelegter Weg: 300 km.

Von den schmierungslos arbeitenden Stoffen wird verlangt, daß sie mit den Werkstoffen der Stangen und Wellen oder auf diesen aufgezogenen Schonbüchsen ohne zu große Reibung zusammenarbeiten. Wärmeentwicklung und Verschleiß bleiben dann erträglich. Kunstkohle bewährte sich von den drei obengenannten Gruppen weitaus am besten, Abb. 113. Von wesentlichem Einfluß ist die Oberflächenglätte der zusammenarbeitenden Werkstoffe. Die Angaben beziehen sich auf vollständig trockene Reibung.

Kunstkohle wurde bei Stopfbüchsenpackungen von Kolbenmaschinen in Ausnahmefällen schon lange verwendet. Es lag aber stets die Gefahr der Zerstörung durch die fast unvermeidlichen Ölspuren vor, die nun durch die neuen ölfesten Kunststoffe vermieden ist. Für die Stopfbüchsen umlaufender Wellen, z. B. in Kreiselpumpen, wird ebenfalls Kunstkohle verwendet. Ihre Anwendung in den Kohleringstopfbüchsen der Dampfturbinen ist bekannt. Dichtungsmäßig handelt es sich dabei aber in den meisten Fällen um keine Berührungsdichtung, sondern um berührungsfreie Spaltdichtungen, bei denen der schmierungslos arbeitende Werkstoff nur gewählt wird, um die bei den kleinen angewendeten Spielen unvermeidbaren Berührungen gefahrloser zu gestalten.

Nach den Angaben der Hersteller betragen für die verwendeten Kohlesorten
die Druckfestigkeit bis 2500 kg/cm^2,
die Zugfestigkeit 200 bis 400 kg/cm^2,
der Ausdehnungsbeiwert 1,0 bis 7,0 . 10^{-6},
die Reibungszahl auf Stahl 0,10 bis 0,13.

In Anbetracht der spärlichen bisher veröffentlichten Angaben über Kunstkohle für Dichtungszwecke können auch die reichlicher vorhandenen Angaben über die Verwendung dieses Werkstoffes für Kohlebürsten Anhalte geben.

Der gegenüber Stahl kleine Ausdehnungsbeiwert ist beim Entwurf und besonders bei der ersten Inbetriebnahme solcher Stopfbüchsen zu beachten. Durch Sonderausführungen, wie in Metallkammern eingeschrumpfte Kohlesegmente (Panzer-Kohleringe) oder metallhaltigen Kohlenwerkstoff, beseitigt man diese Verschiedenheit in den Ausdehnungsbeiwerten.

Bezüglich der Reibung ist günstig, daß die Kunstkohle beim richtigen Einlaufen auf passender Gegenfläche eine harte Hochglanzpolitur annimmt und außerdem in manchen Fällen das abzudichtende Mittel (z. B. kondensierender Wasserdampf) die Reibungszahl noch weiter herabsetzt.

Versuche über die Verwendung von Kunstharzpreßstoffen und Sinterwerkstoffen als Werkstoff für Stopfbüchsenpackungen sind nicht bekannt.

F. Schleifringpackungen.

Bei diesen für umlaufende Maschinenteile bestimmten Packungen wird die Abdichtung der bewegten Dichtflächen auf eine radiale Fläche verlegt (Wellenabsatz bzw. Gehäuse). Im Gegensatz zur üblichen Abdichtung einer Welle auf axialer (zylindrischer) Oberfläche verändert die radiale Dichtfläche auch bei Abnützung nicht ihre Form. Der axiale Undichtheitsweg wird entweder bei stillstehendem Schleifring durch Anwendung eines Faltenrohres vollständig gesperrt (Abb. 114) oder aber es enthält der mitumlaufende Schleifring einen Dichtring für axiale Abdichtung, der jetzt als ruhende Dichtung zu betrachten ist und daher unter sehr günstigen Verhältnissen arbeitet (Abb. 115 und 116).

Schmierungsloser Betrieb kann durch entsprechende Wahl des Schleifringwerkstoffes erreicht werden (verschleißfeste Bronze, Kunstharzstoffe). Es besteht ständige, kraftschlüssige Abdichtung, die auch bei Abnützung der Schleiffläche und (innerhalb weiter Grenzen) unabhängig von axialen und radialen Bewegungen der Welle aufrecht erhalten bleibt.

Diese Packungen werden für umlaufende Kraft- und Arbeitsmaschinen vielfach verwendet.

Abb. 117 zeigt die Reibungsverhältnisse der Schleifringpackung bei Abdichtung gegen Wasser (n = 3000 U/min). Bei fehlendem Innendruck entsteht die Reibung durch die Vorspannung durch die Feder; der Einfluß der Vorspannung

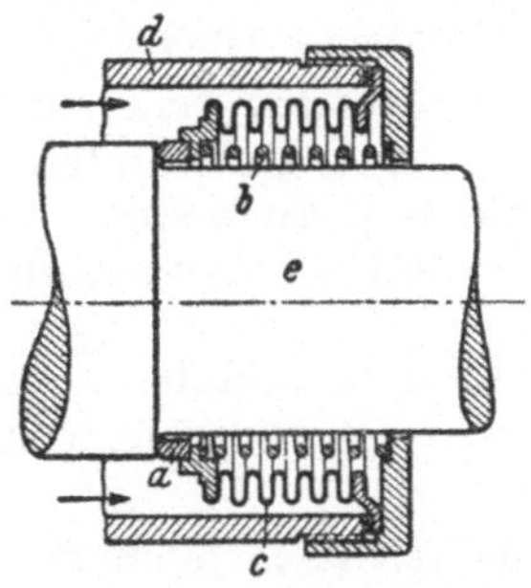

Abb. 114. Schleifringpackung mit stillstehendem Schleifring a (Schema). Die Dichtpressung wird durch die Feder b erzeugt, wobei ein Einfluß des Flüssigkeitsdruckes vorhanden ist. Die Abdichtung in axialer Richtung wird durch einen Federkörper c erreicht; d Gehäuse; e Welle.

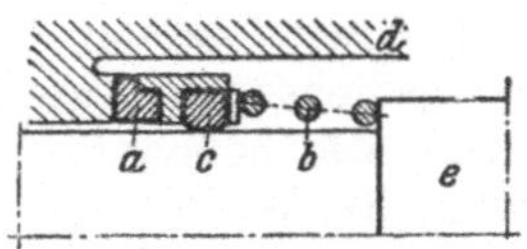

Abb. 115. Schleifringpackung mit umlaufendem Schleifring; Ausführung mit Innen-Druckfeder. Bezeichnungen wie in Abb. 116.

Abb. 114—116 Schleifringpackungen.

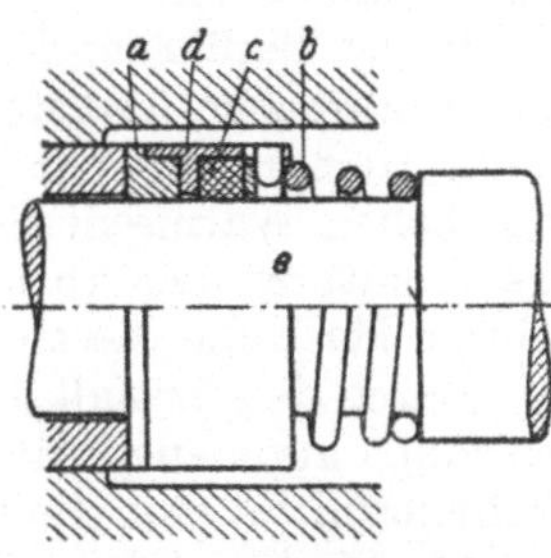

Abb. 116. Schleifringpackung mit umlaufendem Schleifring. Dichtpressung des Schleifringes a (radiale Abdichtung) durch Feder b und Betriebsdruck erzeugt, Dichtpressung des Dichtringes c (axiale Abdichtung) durch Querelastizität der Weichstoffdichtung durch dieselben Anpreßkräfte bewirkt (ruhende Dichtung!). Werkstoff für Schleifring: Preßstoff, für Dichtring: synthetischer Gummi; d Gehäuse der Packung; e Welle.

verschwindet bei höheren Innendrücken fast vollständig gegenüber dem Einfluß des Betriebsdruckes, die Reibung nimmt dann also ungefähr proportional dem Innendruck zu.

Beim Einbau ist zu beachten, daß das abzudichtende Mittel (wenn es eine Flüssigkeit ist) in hinreichender Menge an die Schleiffläche gelangen kann. Bei der Abdichtung gegen Gase und nicht schmierungslosem Betrieb kann die Anordnung z. B. nach Abb. 118 gewählt werden; unter Umständen genügt auch bloße Füllung der entstehenden Kammer mit Schmiermittel.

III. Berührungsfreie Dichtungen.

A. Allgemeines.

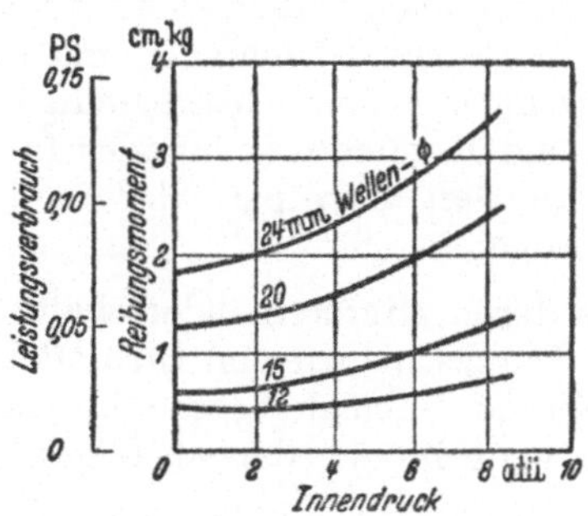

Abb. 117. Reibungsmoment und Leistungsverbrauch von Schleifringpackungen bei Abdichtung gegen Wasser, n = 3000 U/min (nach Goetzewerk).

Bei den Berührungsdichtungen ruhender Maschinenteile findet stets ein unmittelbares Aufeinanderliegen der Dichtflächen statt; bei den bewegten Berührungsdichtungen ist das nicht immer der Fall: wird, wie fast stets, ein Schmiermittel verwendet, so ist der Zwischenraum zwischen den Dichtflächen von diesem ausgefüllt; ein stellenweises bzw. zeitweises Berühren der Dichtflächen ist nicht ausgeschlossen, so daß diese Dichtungen mit Recht als Berührungsdichtungen bezeichnet werden.

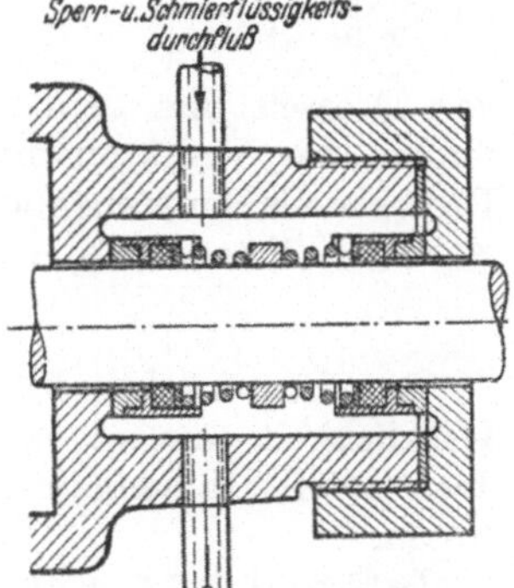

Abb. 118. Anordnung der Schleifringpackung bei Abdichtung gegen Gase.

Die berührungsfreien Dichtungen im eigentlichen Sinn sind dadurch gekennzeichnet, daß der abzudichtende Stoff die beiden Dichtflächen trennt, so daß an keiner Stelle — eine einzige grundsätzliche Ausnahme wird später erwähnt — eine unmittelbare Berührung derselben eintritt. Dem Wesen dieser Dichtungsart entsprechend sind Stoffverluste durch den unvermeidbaren Spielraum zwischen den Dichtflächen unvermeidbar und es ist Aufgabe des Konstrukteurs bzw. Betriebsmannes, diesen Lässigkeitsverlust möglichst klein zu halten.

In der Berührungslosigkeit liegt der grundsätzliche Vorteil dieser Dichtungen. Sie ermöglichen höchste Relativgeschwindigkeiten der abzudichtenden Teile, weil keine Reibung auftritt; Berührungsdichtungen versagen in solchen Fällen infolge der hohen Wärmeentwicklung oder des hohen Reibverschleißes. Auch sind alle Temperaturen des abzudichtenden Stoffes beherrschbar, so weit eben auch die übrige Maschine diesen Temperaturen gewachsen ist.

Durch den Entfall der Reibung ist es nicht mehr notwendig zu schmieren; es entfällt damit auch die in vielen Fällen äußerst unangenehme Beimengung von Schmiermittel zum Betriebsstoff.

39. Wirkungsweise. Ihrem strömungstechnischen Verhalten nach sind zwei Hauptgruppen zu unterscheiden (Abb. 119 und 120): Spalte und Labyrinthe; eine dritte Gruppe, die Labyrinthspalte (Abb. 121), vereinigt kennzeichnende Eigenschaften beider Gruppen in sich.

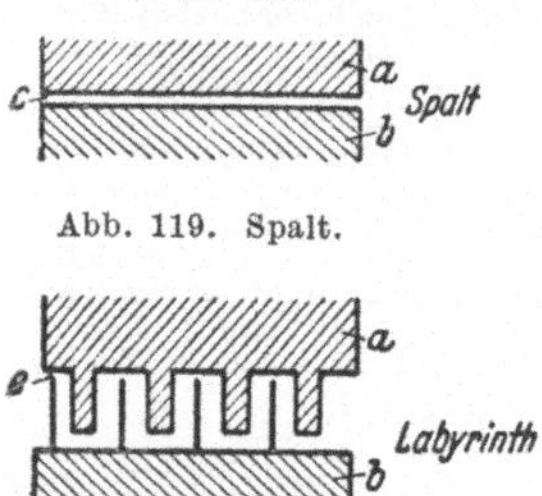

Abb. 119. Spalt.

Abb. 120. Labyrinth.

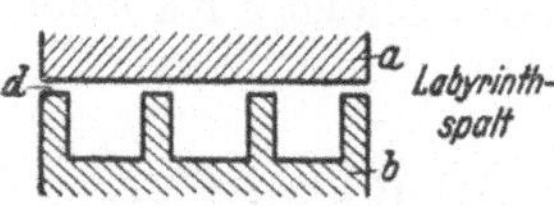

Abb. 121. Labyrinthspalt.

Abb. 119—121. Grundformen der berührungsfreien Dichtungen: Spalt, Labyrinthspalt und Labyrinth. a, b Dichtflächen (Maschinenteile); c Spalt; d Spaltstrecken; e Drosselstellen.

Beim Spalt ist die Spaltweite über die ganze Länge des Spaltes konstant. Ist der Betriebsstoff eine tropfbare Flüssigkeit, so strömt diese mit gleichbleibender Geschwindigkeit durch den Kanal; ist der Betriebsstoff eine zusammendrückbare Flüssigkeit (Gase, Dämpfe), so nimmt die Strömungsgeschwindigkeit stetig zu und kann unter Umständen die Schallgeschwindigkeit erreichen.

Beim Labyrinthspalt, der durch Auflösung einer oder beider Begrenzungswände des glatten Spaltes entsteht, sind nur mehr kurze Teilstrecker (Spaltstrecken) mit kleinem Spiel vorhanden, die als Drosselstellen wirken. Es wird hier naturgemäß einigen Stromfäden möglich sein, mit mehr oder weniger hoher Geschwindigkeit durch die Spaltstrecken und Kammern in gerader Linie durchzuschießen; der Hauptteil allerdings wird in den Kammern verwirbelt werden.

Beim Labyrinth, das durch Hintereinanderschaltung von Drosselstellen gebildet wird, ist ein gerades Durchschießen von Stromfäden infolge der Verkämmung der beiden Maschinenteile unmöglich; die in jeder Drosselstelle entstehende hohe Geschwindigkeit wird in der darauf folgenden Kammer (theoretisch) vollkommen vernichtet.

B. Labyrinthdichtungen.

Der theoretischen Forderung nach vollkommener Verwirbelung entspricht die Wirklichkeit nur angenähert. Strömungsbilder zeigen, daß einige Stromfäden doch noch mit nennenswerter Geschwindigkeit in die nächste Drosselstelle eintreten.

Labyrinthdichtungen werden besonders bei Dampfturbinen und Turboverdichtern verwendet. Praktische Forderungen an eine Labyrinthdichtung sind etwa (sie gelten sinngemäß auch für die anderen Arten der berührungsfreien Dichtungen):

a) Die axialen und radialen Bewegungen der umlaufenden Teile müssen ohne Schaden für die Maschine möglich sein (Ursache dieser Bewegungen: Wärmedehnungen, Schwingungsausschläge). Das wird durch Anwendung entsprechend großer Spiele erreicht. Besonders zu beachten sind die verschiedenen Wärmedehnungen von Gehäuse und Läufer, die beim Anfahren sowie im Betrieb vorkommen.

b) Streifen der Kämme darf noch nicht zu schweren Betriebsstörungen führen. Die Kämme werden so ausgebildet, daß sie bei Berührungen abgeschliffen werden, ohne daß die Reibungswärme zu Verschweißungen führt (entsprechende Werkstoffwahl, Ausführung aus dünnen Blechen, federnde Ausbildung der Kämme oder der Labyrinthträger).

c) Möglichste Konstanz der Leckverluste. Erreicht durch Maßnahmen konstruktiver und betrieblicher Art (Vermeidung von Korrosions- und Erosionsschäden durch richtige Wahl des Werkstoffes; einwandfreie Befestigung der Kammer in ihren Haltern, dadurch Verhüten des Herausfallens; Vermeidung der Berührung durch richtiges Anfahren; dieses genau nach den Firmenvorschriften; Verhinderung des Eintrittes von Fremdkörpern mit dem Sperrdampf und Betriebsdampf; Vermeiden von Übertemperaturen des Betriebsmittels). In manchen Fällen haben die Maschinen Einrichtungen, um die gegenseitige Lage der Dichtflächen (Wellenverschiebung) entweder dauernd oder zeitweise überwachen zu können.

Abb. 122 zeigt ein Beispiel einer Labyrinthdichtung und Angaben für den Einbau.

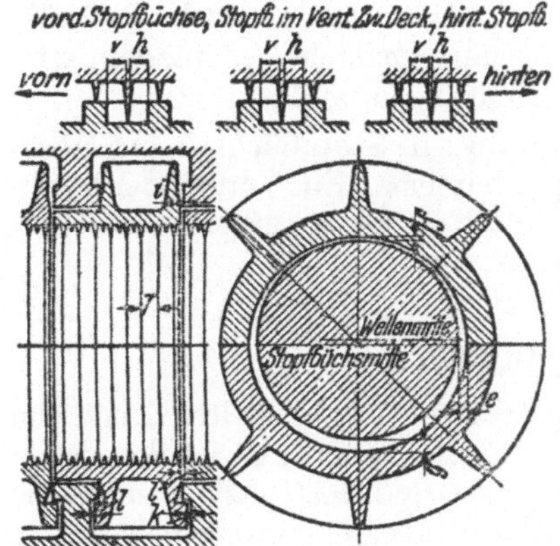

Abb. 122. Einstellung von Labyrinthstopfbüchsen (AEG); vordere Stopfbüchse = Hochdruckstopfbüchse; hintere Stopfbüchse = Niederdruckstopfbüchse. Die Richtung „vorn" bedeutet „auf das Wellendrucklager zu", die Richtung „hinten" bedeutet „vom Wellendrucklager weg". Wellendrucklager auf der Hochdruckseite angeordent.

Stopfbüchse	Teilung	Axialspiele		Radialspiele			Einbauspiele			
	T mm	v mm	h mm	e mm	f mm	g mm	v mm	i mm	k mm	l mm
Beispiel: Eingehäusige Kondensationsturbine 25 000 kW, 3000 U/min										
Hochdruck . .	6 + 3	2,5	2,5	0,3	0,2	0,4	0,5	0,3	0,8	0,4
Niederdruck .	8 + 4	4,5	2,5	0,3	0,3	0,3	0,5	0,3	0,8	0,4

Anmerkung: KRAFT gibt für eine eingehäusige Gegendruckturbine von 2400 kW, 3000 U/min die gleichen Werte an.

Bei gegebenen Betriebsverhältnissen hängt die Lässigkeit vom Undichtheitsquerschnitt des Labyrinthes und von der Anzahl der Drosselstellen ab. Eine Vorausrechnung bzw. Kontrollrechnung ist durchaus möglich (siehe Schrifttum!).

C. Spaltdichtungen.

Im Gegensatz zum Labyrinth ist der Strömungsquerschnitt beim Spalt konstant (oder stetig veränderlich). Dabei wird unter „Spalt" im engeren Sinn jene Bauform verstanden, bei welcher sowohl die äußere Begrenzungsfläche (Bohrung, Zylinder, Büchse) als auch die innere (Kern, Kolben, Spindel, Welle) voll erhalten sind („glatter Spalt").

Nichtzusammendrückbare Flüssigkeiten (Wasser, Öl usw.) strömen, wie bereits einleitend gesagt, mit konstanter oder dem Querschnitt entsprechender, stetig veränderlicher Geschwindigkeit durch den Spalt; zusammendrückbare Betriebsstoffe (Dampf, Luft usw.) vergrößern ihre Strömungsgeschwindigkeit bei größeren Druckunterschieden zwischen Innen- und Außendruck beträchtlich (Abb. 123). Die Strömung durch diese engen Spalte ist entweder eine sogenannte Fadenströmung (laminare Strömung) oder es findet eine Verwirbelung der Betriebsstoffteilchen statt: Wirbelströmung, Flechtströmung (turbulente Strömung).

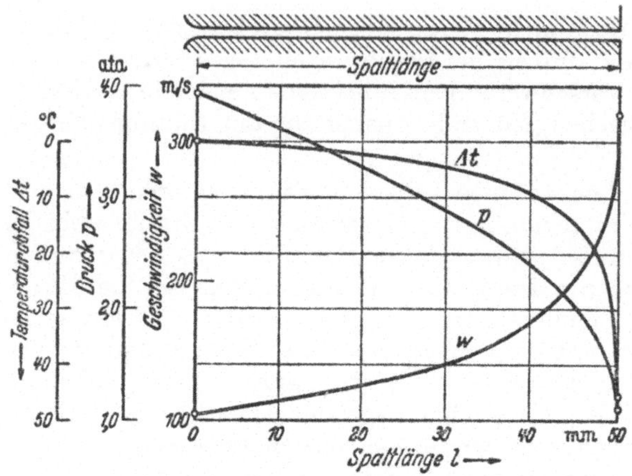

Abb. 123. Zunahme von Druck und Geschwindigkeit, Abnahme der Temperatur beim Durchströmen von Luft durch einen Spalt.

Bei gegebenen Betriebsverhältnissen hängt die Dichtwirkung des Spaltes von der Spaltweite und von der Spaltlänge ab; dabei ist der Einfluß der Spaltweite besonders groß. Eine rechnerische Vorausbestimmung ist durchaus möglich (siehe Schrifttum!).

Es kann hier vorkommen (wie auch bei den anderen Formen der berührungsfreien Dichtungen), daß der Kern längs einer Mantellinie am Zylinder zum Anliegen kommt (diese theoretische Berührungslinie wird praktisch natürlich bald eine Berührungsfläche!); trotzdem wird auch dieser Fall noch zu den berührungsfreien Dichtungen gezählt.

Spalte finden zur Abdichtung häufig Verwendung: in Stopfbüchsen für Hochdruckkreiselpumpen (siehe Abb. 67), bei Ventilspindeln usw. Ein Vorzug der Spaltdichtung gegenüber der Labyrinthdichtung ist, daß sie auch für hin- und hergehende (wendebewegte) Maschinenteile anwendbar ist.

D. Labyrinthspaltdichtungen.

Sowohl im Aufbau als auch im strömungstechnischen Verhalten liegt der Labyrinthspalt zwischen Labyrinth und Spalt. Da das Labyrinth infolge seiner Verkämmung nur für umlaufende Teile brauchbar ist und der Spalt in manchen Fällen eine große Lässigkeit aufweist, ist der Labyrinthspalt, dessen Dichtheit in den meisten für den Maschinenbau in Betracht kommenden Fällen besser ist als jene des Spaltes, die gegebene berührungsfreie Dichtung für hin- und hergehende Maschinenteile. Seine Verwendung auch bei umlaufenden Teilen bringt den Vorteil des leichteren Zusammenbaues, da er Einteiligkeit beider Dichtflächenträger ermöglicht.

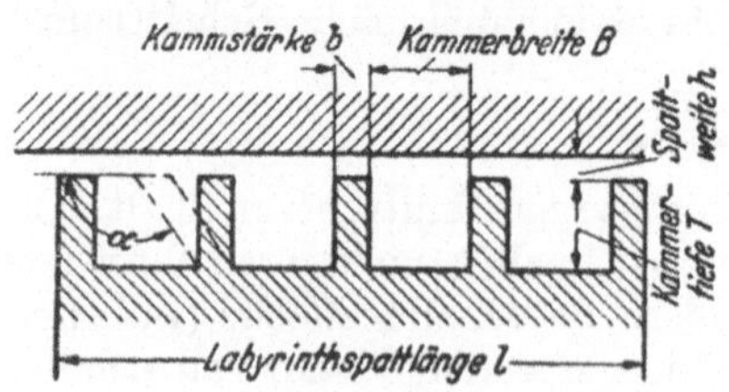

Abb. 124. Kennzeichnende Abmessungen des Labyrinthspaltes.

Während das Labyrinth durch Lässigkeitsquerschnitt und Drosselstellenzahl, der Spalt durch Spaltlänge und Spaltweite eindeutig gegeben sind, erfordert der Labyrinthspalt mehr Angaben: außer der Spaltweite h (Abb. 124) und der Labyrinthspaltlänge l muß noch die Kammerbreite B, die Kammstärke b und die Kammertiefe T gegeben sein, evtl. noch weitere, die Form des Durchflußquerschnittes eindeutig festlegende Abmessungen (z. B. der Winkel α bei geneigten Kämmen).

Je nachdem eine Spaltfläche oder beide gezahnt sind, kann man den einfachen oder den doppelten Labyrinthspalt unterscheiden. Letzterer hat für wendebewegte Maschinenteile nur geringe Bedeutung, da ihm mehrere Eigenschaften fehlen, die den einfachen Labyrinthspalt auszeichnen: gute Notlaufeigenschaften, Unempfindlichkeit der Lässigkeit gegen axiale Verschiebungen der Teile gegeneinander, leichtere Herstellung eines glatten Zylinders und einer genuteten Welle.

Was die Lässigkeit anlangt, so ist diese beim Labyrinthspalt im Gebiet der Fadenströmung höher als jene des glatten Spaltes gleicher Länge und Spaltweite; die weiten Kammern setzen dieser Strömung nur einen geringen Widerstand entgegen. Anders bei Wirbelströmung, bei welcher der Labyrinthspalt im allgemeinen dichter ist als der glatte Spalt. Da seine Lässigkeit, wie oben erwähnt, von einer Reihe von Faktoren abhängt, ist sie schwieriger vorausbestimmbar; es liegen aber genügend Anhalte für eine Berechnung vor (siehe Schrifttum!).

E. Flüssigkeitsgesperrte Stopfbüchsen.

In manchen Fällen ist es notwendig, eine vollkommene Abdichtung gegen Austritt von Betriebsstoff zu erreichen, z. B. bei giftigen Betriebsstoffen, oder aber es genügt die berührungsfreie Abdichtung normaler Art nicht, z. B. bei Vakuumstopfbüchsen von Dampfturbinen. Im letzteren Fall besteht die Möglichkeit, Sperrdampf einzuführen, so daß dann nicht mehr die für das Vakuum sehr schädliche Luft, sondern nur eine belanglose Menge von Dampf eingesaugt wird.

Eine vollkommene Abdichtung (gegenüber dem Betriebsstoff!) kann erreicht werden, indem man den unvermeidlichen Spalt der berührungsfreien Dichtung dauernd mit einer Sperrflüssigkeit (z. B. Wasser) gefüllt hält.

Die Durchführung kann grundsätzlich auf zwei Arten erfolgen. Es kann (Abb. 125) die Fliehkraft eines umlaufenden Wasserringes ausgenützt werden; der unter Fliehkraftpressung stehende Wasserring bildet einen vollkommen dichten Verschluß nach beiden Seiten. Es hängt von seiner Umfangsgeschwindigkeit ab, welcher Druck auftreten muß, um diese Wassersperre zu durchbrechen. Der Verbrauch an Sperrflüssigkeit ist hier meist gering, der Kraftverbrauch meist aber recht bedeutend.

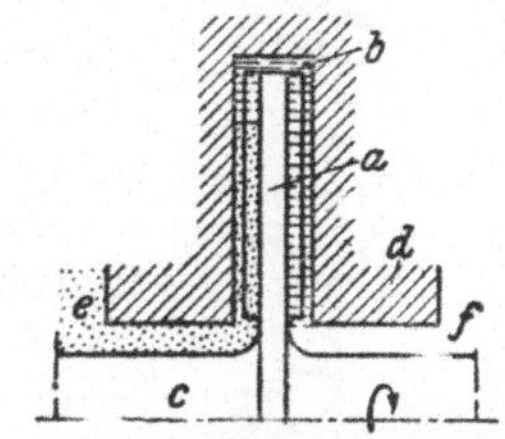

Abb. 125. Flüssigkeitsgesperrte Stopfbüchse mit Erzeugung der Flüssigkeitspressung durch die Fliehkraft eines umlaufenden Flüssigkeitsringes: a Scheibe mit Flügeln; b Sperrflüssigkeit; c Welle; d Gehäuse; e Druckseite (Innenseite); f Außenseite.

Bei der anderen Art (Abb. 126) wird Sperrflüssigkeit in einen Dichtspalt eingepreßt und läuft dann nach beiden Seiten ab; der Druck der Sperrflüssigkeit muß größer sein als der abzudichtende Innendruck. Naturgemäß findet hier ein dauernder Verlust an Sperrflüssigkeit statt, der nach den Berechnungsverfahren für berührungsfreie Dichtungen zu ermitteln ist.

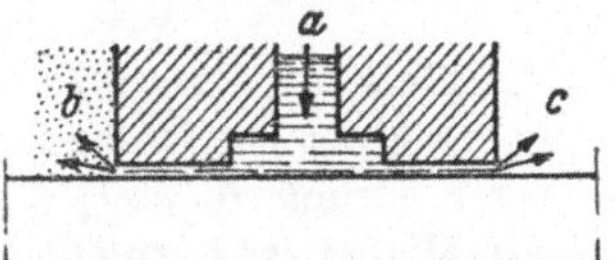

Abb. 126. Flüssigkeitsgesperrte Stopfbüchse mit Sperrung durch Druckflüssigkeit: a Eintritt der Druckflüssigkeit; b Austritt der Druckflüssigkeit auf der Seite des abzudichtenden Stoffes; c Austritt der Druckflüssigkeit auf der Außenseite (ins Freie).

Abb. 125/126. Flüssigkeitsgesperrte Stopfbüchsen.

Die betriebsmäßige Wartung dieser Stopfbüchsen beschränkt sich auf die Kontrolle des Sperrwasserzulaufs bzw. des dauernden Vorhandenseins eines kleinen Überschusses an Sperrwasser; in manchen Fällen wird dabei das ablaufende Überschußwasser auf Temperatur zu kontrollieren sein.

In einfachster Weise kann die Wassersperrung bei Absperrorganen von Vakuumleitungen durch Anordnung von Wassertassen über den Spindel-Stopfbüchsen angewendet werden.

IV. Stopfbüchsenlose Abdichtungen.

40. Metallfaltenbälge. Diese Dichtungselemente kommen unter den Namen Faltenrohre, Federungskörper, Metallfaltenbalg, Röhrenmembran, in den Handel. Sie dienen zur Abdichtung wendebewegter Maschinenteile, in Verbindung mit einer Schleifringdichtung auch zur Abdichtung umlaufender Teile (siehe Abschnitt II F).

Sie gewinnen besonderen Wert, wenn

a) völlige Dichtheit gefordert wird (giftige Betriebsstoffe),

b) die Stopfbüchsenreibung vermieden werden soll bzw. die veränderliche Kraft der Stopfbüchsenreibung störend empfunden wird (z. B. bei Regelaufgaben),

c) möglichst geringe Wartung verlangt wird,

d) die vorbeschriebenen berührungsfreien Dichtungen oder flüssigkeitsgesperrten Dichtungen nicht verwendet werden.

Die völlige Dichtheit wird durch Zurückführung der bewegten Dichtung auf die ruhende Berührungsdichtung erreicht: die Dichtverbindung *a* (Abb. 127) wird durch Löten oder entsprechende Flachdichtung usw. hergestellt. Die Stopfbüchsenreibung entfällt, weil die auftretenden Kräfte Federkräften entsprechen; sie können daher auch rechnungsmäßig erfaßt werden. Nach Einbau ist keinerlei Wartung mehr nötig, bis zur evtl. Auswechslung des Faltenrohres.

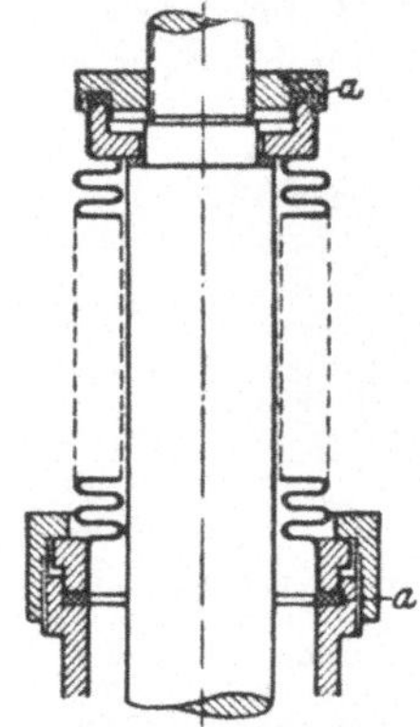

Abb. 127. Stopfbüchsenlose Abdichtung mit Faltenrohr. *a* dichte Verbindung.

Die Federkörper werden aus dünnwandigen Metallrohren durch Einwalzen von Wellen auf kaltem Wege hergestellt; die Wellen sind ringförmig in sich geschlossen. Die Wandstärken sind verschieden, auch können Metallkörper mit mehreren übereinander liegenden Schichten hergestellt werden (Verbund-, Drillings- und Vierlingsausführung). Der übliche Werkstoff ist Tombak.

Kennzeichnende Angaben für normale Ausführungen: *Zulässiger Druck*: abhängig von Ausführung, Wellenzahl, Durchmesser und Hub: je größer Wellenzahl und Hub, desto kleiner der zulässige Innendruck. Auch die Temperatur hat einen Einfluß: bis 150° ist er gering, über 200° aber nimmt die Festigkeit rasch ab. Beispiel: kleiner Durchmesser (22 mm), Ausführung als Vierling, kleinste Wellenzahl, zulässiger Druck 65 atü; großer Durchmesser (120 mm), einfache Wandstärke, normale Wellenzahl, zulässiger Druck 2,5 atü!

Sonderausführungen sind bis 100 atü und 600° verwendbar!

Federung: bei langsamen, selten auftretenden Bewegungen kann der Hub bis 30% der Länge betragen; bei häufigen Bewegungen darf nur ein Teil des zulässigen Hubes ausgenützt werden, damit die Lebensdauer infolge Ermüdungserscheinungen nicht zu rasch abnimmt. Reicht die Federung eines Federkörpers nicht aus, so können mehrere hintereinander geschaltet werden (die Länge des einzelnen Federkörpers ist aus Herstellungsgründen beschränkt!).

Der Zusammenhang zwischen Federung und Gewichtsbelastung ist für einige Ausführungen in Abb. 128 aufgezeichnet.

Außer aus Tombak werden diese Federkörper noch aus Messing, Neusilber, nichtrostendem Stahl, Monel und anderen Werkstoffen hergestellt. Gemäß ihrem Herstellungsverfahren sind die vorbeschriebenen Faltenrohre nahtlos. Es werden auch Federkörper aus gewellten Stahlscheiben hergestellt (Abb. 129), die am Innen- und Außenrand verschweißt werden. Je nach dem Verwendungsgebiet ist zu unterscheiden:

a) eine dickwandige Ausführung (1 bis 3 mm Wandstärke) für Drücke bis 30 atü und Temperaturen bis 400°; Verwendung vorwiegend als Dehnungsausgleicher für Rohrleitungen,

b) eine dünnwandige, hochelastische Ausführung (Wandstärke 0,1—0,3 mm), für niedrige Drücke. Hauptverwendungsgebiet ist der Regler- und Apparatebau.

Abb. 128. Federungskennlinien von Metall-Faltenbälgen einer Größe 90 mm Durchmesser, 12 Wellen (nach DWM): a einfache Ausführung; b Verbund-Ausführung; c Drillings-Ausführung; d dünnwandige Ausführung.

41. Leder-Faltenbälge. Den vorstehend beschriebenen Federungskörpern in der Wirkungsweise ähnlich sind die aus Leder und ähnlichen Werkstoffen hergestellten Faltenbälge; sie dienen besonders dazu, empfindliche Stellen vor Verschmutzung zu schützen (z. B. bei Gleitflächen von Schleifmaschinen und bei Teleskopfüßen von Flugzeugen).

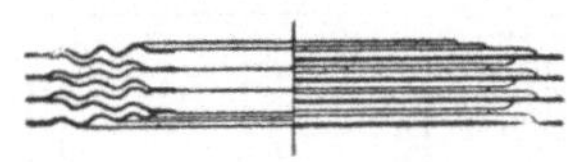

Abb. 129. Geschweißter Federungskörper.

Sie werden als Kegelfaltenbälge (Abb. 130), als nahtlose zylindrische (Abb. 131) und als genähte Faltenbälge (Abb. 132) hergestellt.

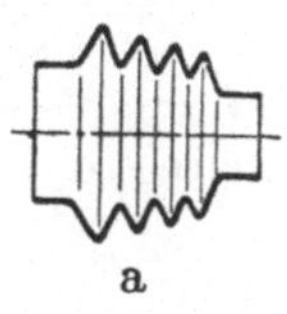

a

Abb. 130. Nahtloser Kegelfaltenbalg.

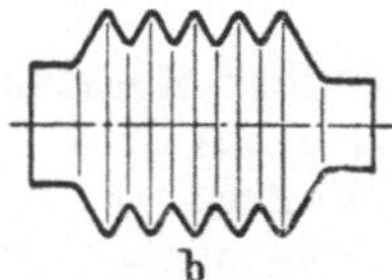

b

Abb. 131. Nahtloser zylindrischer Faltenbalg.

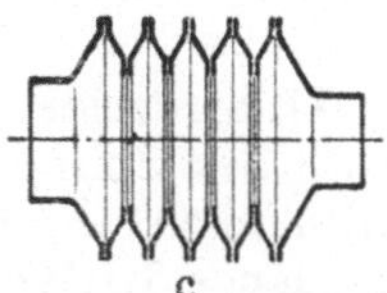

c

Abb. 132. Genähter zylindrischer Faltenbalg.

Abb. 130 bis 132. Leder-Faltenbälge.

V. Schutzdichtungen.

Als „Dichtungen“ können im weiteren Sinne auch jene Bauteile aufgefaßt werden, welche dazu dienen, den Ölaustritt aus Lagern, das Eindringen von Feuchtigkeit, Schmutz usw. in die Lager, das Verschleppen von Betriebs- und Schmierstoffen u. ä. zu verhindern. Das Kennzeichnende für eine Dichtung, das Trennen von Räumen verschiedenen Druckes, fehlt hier oft vollständig. Ihre Aufgabe ist durch die Bezeichnung „Schutzdichtung“ gekennzeichnet.

Im nachstehenden ist ein kleiner Überblick über dieses, in konstruktiver Hinsicht recht mannigfaltige Sondergebiet gegeben, der aber keinen Anspruch auf Vollständigkeit macht.

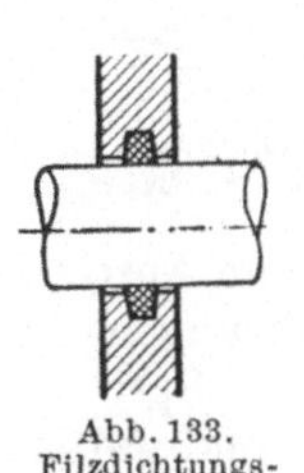

Abb. 133. Filzdichtungsring.

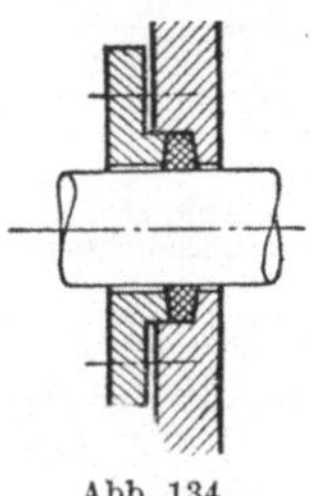

Abb. 134. Nachstellbare Filzdichtung.

42. Filzdichtunge u. ä. Diese Dichtungen bestehen aus einem Filzring (Abb. 133), der in eine Nute des Gehäuses eingelegt ist; das Gehäuse kann geteilt oder ungeteilt sein. Filzdichtungen sind keine sichere Abdichtung der Lager bzw. keine Sicherung gegen Eindringen von Staub u. dgl. Eine Weiterentwicklung zeigt Abb. 134 als nachstellbare Filzdichtung mit Abschlußdeckel, die eigentlich schon eine ganz einfache Stopfbüchse mit Weichpackung darstellt. Manchmal werden auch mehrere Filzringe hintereinander geschaltet.

An Stelle der Filzringe werden auch Lederscheiben verwendet, die dann stopfbüchsenartig ausgebildet sind (Abb. 135).

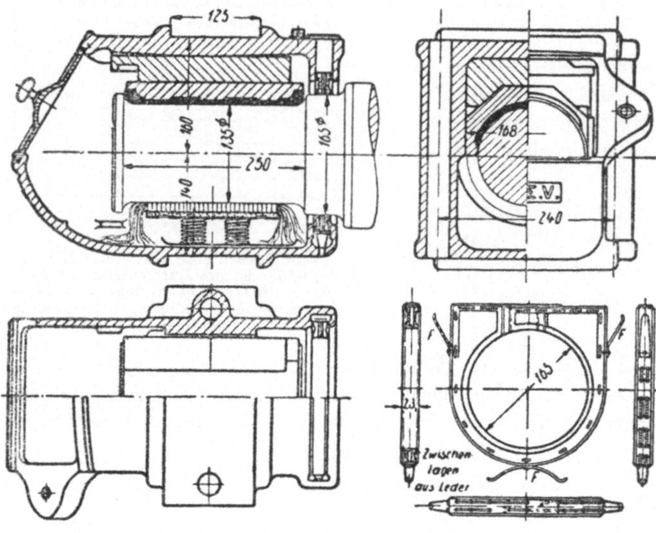

Abb. 135. Eisenbahn-Achslager.

Neben diesen „Berührungsdichtungen" kommen auch „berührungsfreie" Bauarten in Anwendung. Zu erwähnen wären: Fettrillen (Abb. 136). Die Rillen sind im Gehäuse angeordnet.

Dichtscheiben (Abb. 137). Als solche finden zugeschärfte Blechscheiben Verwendung; sie dichten das Lager gegen Ölaustritt ab und verhindern andererseits das Eindringen von Dampfschwaden u. ä.

43. Spritzringe, „Labyrinthe", Rückführgewinde (umlaufende Wellen). Wirkungsweise des Spritzringes: das aus dem Gehäuseinnern kommende, abzudichtende Mittel (meist Öl), hat das Bestreben, längs der Welle ins Freie zu gelangen. Kommt es zum Spritzring, so wird es durch die Fliehkraft nach außen abgeschleudert

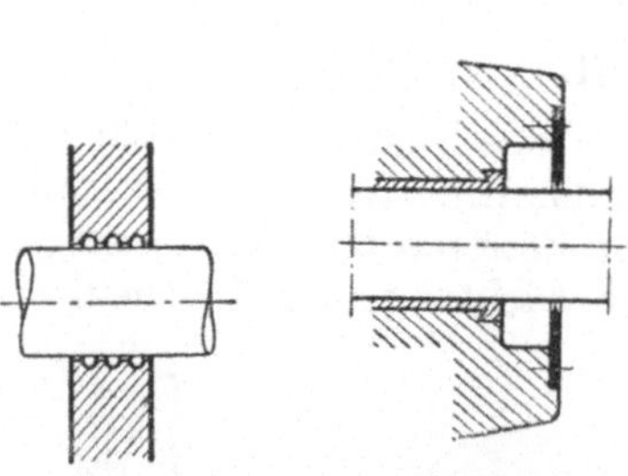

Abb. 136. Fettrillendichtung.

Abb. 137. Dichtscheibe an einem Lager.

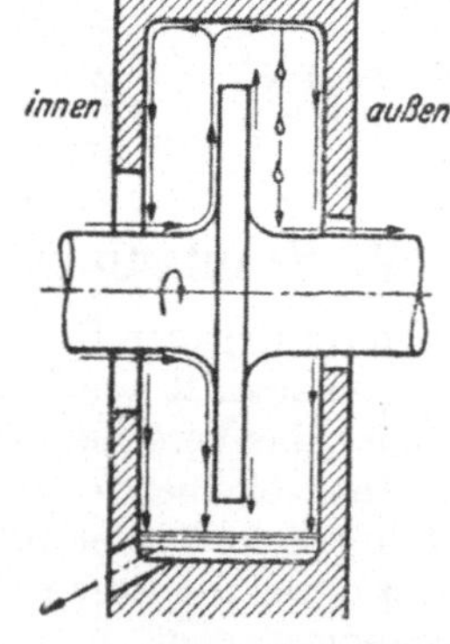

Abb. 138. Einfacher Spritzring.

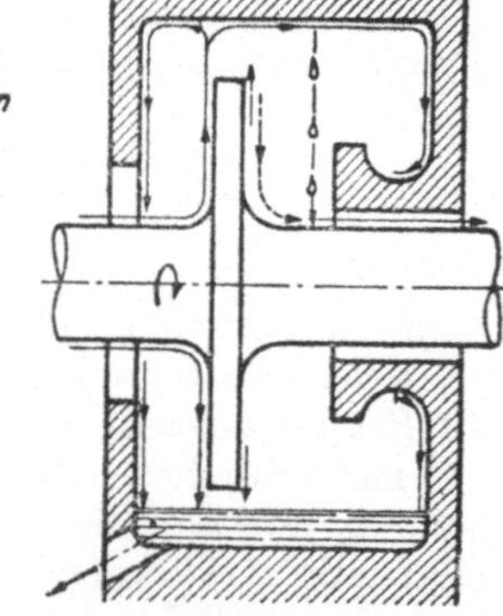

Abb. 139. Einfacher Spritzring mit Gehäusefangrille.

Abb. 138 bis 142. Spritzringdichtungen.

(Abb. 138). Nach dem Auftreffen auf die Gehäusewand fließt ein Teil, besonders durch die Ablaufbohrungen, in das Gehäuse zurück; ein zweiter Teil gelangt aber an die Außenwand der Spritzringkammer und damit — zu einem gewissen Teil — wieder auf die Welle und weiter ins Freie. Diese Anordnung ergibt daher wohl eine wesentliche Verminderung der durchtretenden Flüssigkeitsmenge, aber keine vollständige Absperrung.

Die Anordnung nach Abb. 138 wurde verbessert durch Anordnung einer Fangrille im Gehäuse (Abb. 139). Dadurch wird jener Teil des abgeschleuderten Öles, der auf die Außenseite der Kammer gelangt, von der Fangrille aufgenommen und abgeführt. Während des Betriebs ist diese Bauart weitgehend dicht. Eine Undichtheitsursache ist aber das Herabtropfen von Flüssigkeit in den Spalt zwischen Spritzring und Gehäuse. Weitere Undichtheiten bringt das Anfahren und Abstellen der betreffenden Maschine, weil in diesen Zeiten das Öl unter dem Einfluß der Schwerkraft bei ungenügender Fliehkraft am Spritzring herunterläuft und wieder auf die Welle auf der Austrittsseite kommt.

Eine weitere Verbesserung ist der schräge Spritzring (Abb. 140), der die vorstehend erwähnte schwache Stelle

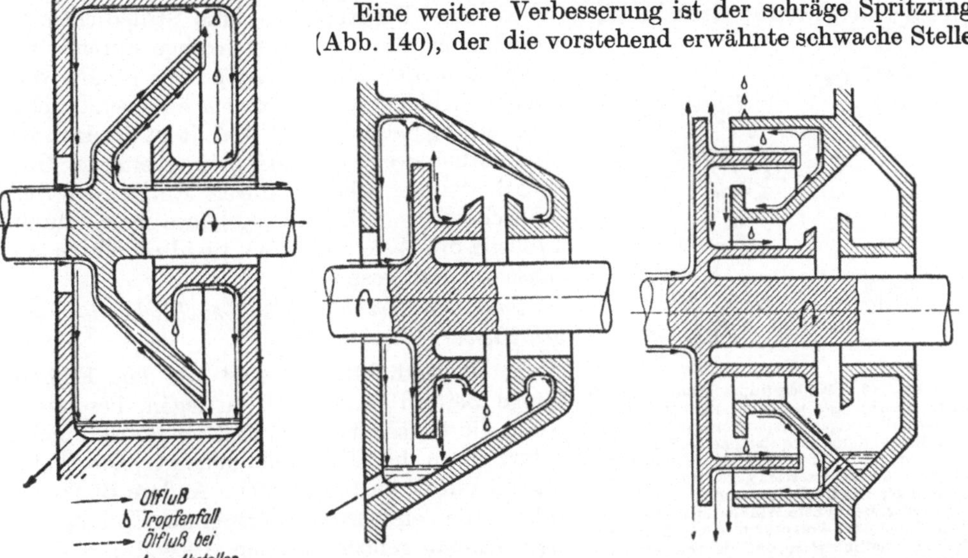

Abb. 140. Schräger Spritzring mit Gehäusefangrille.

Abb. 141. Axiale Ausführung. Abb. 142. Radiale Ausführung.
Abb. 141/142. Mehrfach-Spritzring mit Fangrille und Sonderform des Gehäuses.

deckt; es bleibt aber immer noch die Undichtheit beim Abstellen durch Herunterfließen von Öl längs des Spritzringes, das dann ins Freie gelangt.

Neueste Konstruktionen vermeiden auch diesen Übelstand (Abb. 141 und 142). Hier ist an dem in der Durchtrittsrichtung letzten umlaufenden Spritzring eine mitlaufende Fangrille angeordnet und ebenso ist im letzten Abschnitt des ruhenden Labyrinthteiles eine Fangrille angeordnet; weiter ist der über dem Spalt zwischen letzter beweglicher und fester Fangrille befindliche Teil des Gehäuses so geformt, daß ein Abtropfen in diesen Spalt vermieden wird und die Tropfen nur in eine Fangrille gelangen können. Wichtig ist die Anbringung von genügenden Rücklaufbohrungen, um Ölstauungen zu verhindern. Die Gehäusefangrillen müssen die mit der Drehzahl steigende Förderung des Spritzringes bewältigen; die radiale Anordnung verhält sich in dieser Hinsicht günstiger als die axiale, weil bei ersterer die Förderrichtung der Spritzringe dem Ölaustritt entgegenwirkt; diese Wirkung wird mit steigender Drehzahl immer besser.

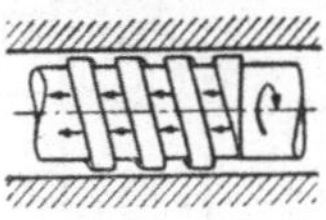

Abb. 143. Rückführgewinde.

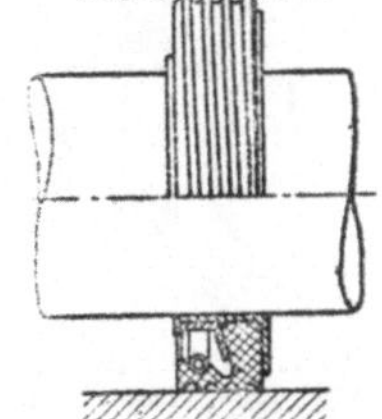

Abb. 144. Rückführgewinde aus Kunstgummi.

Ein anderes Mittel zur Verbesserung der Dichtheit der Wellendurchführung sind Rückführgewinde (Abb. 143); diese erfordern aber sehr enge Spalte, wenn die Wirkung eine entsprechende sein soll. Eine Verbesserung bringen hier neuzeitliche Wellendichtungen, bei welchen die Rückführgewinde aus Kunstgummi gefertigt sind und eine unmittelbare Berührung zwischen Gewinde und Gehäuse zulassen (Abb. 144).

44. Wellenstulpdichtungen, Dichtringe (Abb. 145 u. 146). Durch die weitgehende konstruktive Entwicklung, die Herstellung in genormten Größen (Werksnormen) und jedenfalls auch die gute Brauchbarkeit sind die Wellendichtungen dieser Bauart weit verbreitet. Sie sind, im Gegensatz zu den meisten anderen Lagerabdichtungen u. ä. auch bestens geeignet, im Sinne einer echten Dichtung Räume verschiedenen Druckes gegeneinander abzudichten.

Wirkungsweise: Grundsätzlich wirkt diese Dichtung wie eine Stulpdichtung, wobei aber die Manschettenzunge durch eine Schraubenfeder eine Vorspannung erhält, die auch bei fehlendem Überdruck eine verläßliche Abdichtung gewährleistet. Damit ist der Haupt-Undichtheitsweg versperrt; die weiteren Undichtheitswege werden durch Einpressen der Manschette im Dichtungsgehäuse bzw. durch Preßsitz der Wellendichtung im abzudichtenden Maschinenteil gesperrt.

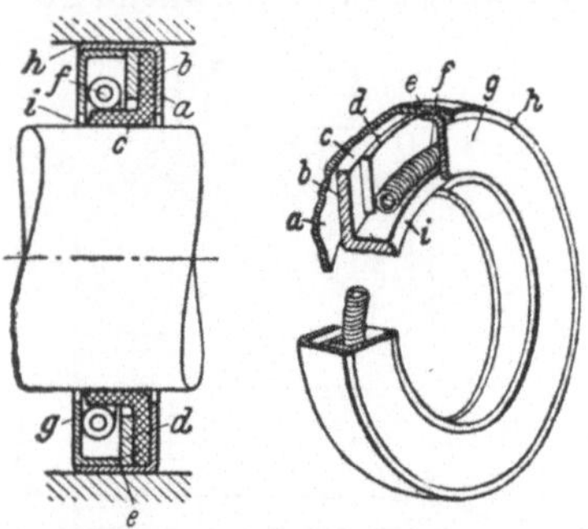

Abb. 145/146. Wellenstulpdichtung (Bauart Simmerwerk). Die winkelförmige Manschette *c* paßt mit geringer Vorspannung auf die Welle und dichtet durch ihre abgeflachte Zunge *i* ab. Die Schraubenfeder *f* drückt den zylindrischen Manschettenhals elastisch gegen die Welle. Ein dreiteiliger Blechkäfig umschließt Manschette und Feder. Der äußere Winkelring *a* des Käfigs hält durch seine Vorsprünge *b* die Manschette fest und verhindert so, daß sie von der Welle mitgenommen wird. Mit seiner Umbördelung *h* legt sich der Außenring des Gehäuses fest gegen den Innenring *g*, der seinerseits an der Stelle *e* gegen den flachen Blechring *d* drückt. Auf diese Weise ist der Flansch der Manschette *c* fest und dicht zwischen dem Außenring *a* des Käfigs und dem Blechring *d* eingepreßt.

Für den Einbau gelten nachstehende Vorschriften:

a) Wellendichtungen sind vor dem Einbau einige Zeit in warmes Öl zu legen, besonders wenn die Gefahr besteht, daß im Betrieb nicht sofort Öl an die Dichtstelle gelangt. Die Welle ist gut mit Öl zu bestreichen. Andere Bauarten (ohne Metalleinfassung) müssen am Umfang vor dem Einbau gefettet werden.

b) Die Stelle der Welle, auf welcher der Dichtring läuft, ist sorgfältigst zu bearbeiten und zwar ist eine um so höhere Oberflächengüte notwendig, je höher die Umfangsgeschwindigkeit an der Laufstelle ist.

c) Die Lauffläche der Manschette darf nicht beschädigt werden. Scharfe Kanten an Wellenenden oder Wellenansätzen, über welche die Manschette beim Einbau geschoben werden muß, sind zu vermeiden (Abb. 147). Ist dies nicht möglich, so

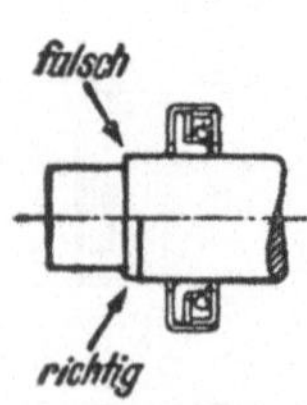

Abb. 147. Falsche und richtige Ausbildung von Wellenansätzen über welche die Manschette beim Einbau geschoben werden muß.

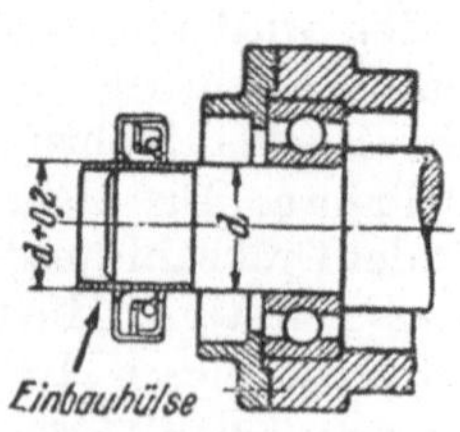

Abb. 148. Ausgleich des scharfen Wellenabsatzes durch übergeschobene Hülse.

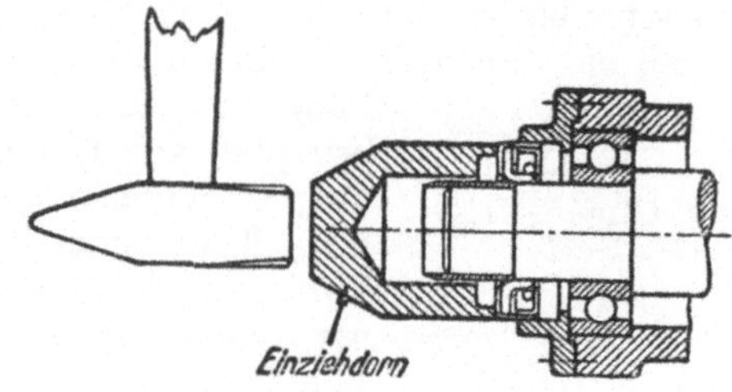

Abb. 149. Aufbringen der Wellendichtung mittels Einzieh-Dorn.

sind zum Überschieben kegelige Hülsen oder Dorne zu verwenden (Durchmesser etwa 0,3 mm stärker als der Wellendurchmesser (Abb. 148). Das Aufbringen geschieht am besten mit einem Rohrstück (Einziehdorn, Abb. 149).

d) Der berührende, zylindrische Teil des Manschettenhalses muß eine einwandfreie Auflage haben (Achtung bei Nutwellen!).

e) Der Dichtring muß mit Preßsitz im Maschinenteil befestigt sein; ein Mitdrehen mit der Welle muß verhindert werden.

f) Wird kein solcher Preßsitz verwendet, so muß der Dichtring an seiner Außenseite gesondert abgedichtet werden.

g) Für den unbeschädigten Ausbau des Dichtringes sind zweckmäßig im Maschinengehäuse, das den Ring aufnimmt, drei Bohrungen von etwa 3—5 mm Durchmesser anzubringen, durch welche der Ring mit Hilfe eines Dornes herausgestoßen werden kann.

h) Die Manschettenzunge muß gegen die abzudichtende Flüssigkeit gekehrt sein (Druckseite) bzw. gegen die Seite, von welcher das Eindringen von Schmutz, Staub und Fremdkörpern möglich ist.

Als Betriebsbedingungen sind zu erwähnen:

a) Die Beständigkeit des Stulpes gegen den verwendeten Betriebsstoff muß sicher sein.

b) Höchste Temperatur ist normal etwa 170°; kurzzeitig 210°. Niedrigste Betriebstemperatur etwa —40°.

c) Höchste Umfangsgeschwindigkeit ist etwa 28 m/s. Die Grenze wird durch die Wärmeabfuhr gegeben. Hohe Umfangsgeschwindigkeit setzt voraus, daß keine Druckbelastung der Manschette vorhanden ist.

d) Der Dichtring muß dauernd geschmiert werden; längeres Trockenlaufen wird nicht vertragen. Das Schmiermittel muß frei zum Dichtring gelangen können (keine Vordichtungen wie Spritzringe, Labyrinthe, Ölrückführungsgewinde usw.). Die richtige Schmierung ist für die Lebensdauer des Dichtringes entscheidend.

e) Die Entlüftung des Raumes, in welchem sich der Dichtring befindet, ist wichtig. Luftpolster können den Zutritt von Öl verhindern und führen — auch wenn der Dichtring unter dem Ölspiegel liegt — unter Umständen zum Trockenlaufen. (Entlüftungsnut oder Bohrung, welche den Ringraum vor dem Dichtring mit dem Gehäuseinnern verbindet und oberhalb des Ölspiegels ausmündet).

f) Manche Wälzlager üben eine pumpende Wirkung auf das Öl aus; in diesem Fall kann der Dichtring entweder trockenlaufen oder ziemlichen Überdrücken ausgesetzt sein. Abhilfe wird durch Anbringung von Nuten geschaffen, die eine Ölzirkulation im Lager ermöglichen.

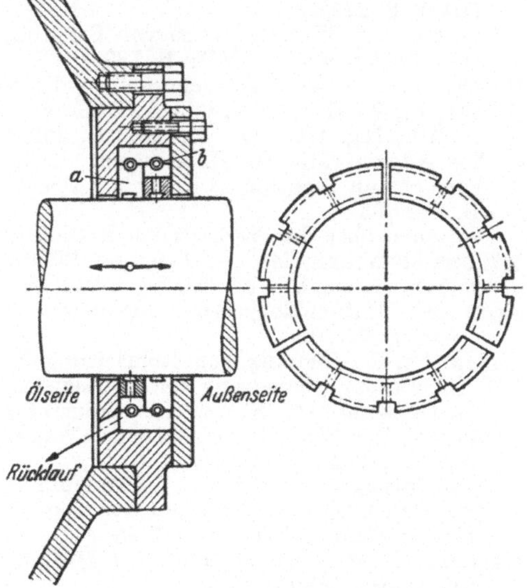

Abb. 150/151. Ölabstreifpackung für Kolbenmaschinen; Ausführung für liegende Maschinen: *a* geteilte Abstreifringe; *b* Schlauchfedern.

Die Bauformen dieser Dichtringe sind sehr mannigfaltig; außer der vorstehend besprochenen Normalausführung gibt es solche für besonders schmale Dichträume, für große radiale Wellenausschläge, zur Dichtverbindung von Hohlwellen, über Bunde überstreifbare, zur Trennung von zwei Flüssigkeiten (zwei Dichtlippen) mit Außenlippe, schleifringartige Dichtringe u. a. m.

45. Abstreifpackungen. Es ist z. B. bei stehenden Kolbendampfmaschinen wichtig, zu verhindern, daß Zylinderöl und Kondensat in den Kurbelkasten gelangt und andererseits Triebwerksöl von der Kolbenstange in den Zylinder mitgeschleppt wird. Diesem Zweck dienen die sogenannten Abstreifpackungen (Abb. 150 u. 151), die aus mehrteiligen Ringen *a* bestehen, die durch Schlauchfedern *b* an die Stange gepreßt werden. Das Abstreifen wird durch die schneidenartige Ausbildung der inneren Ringflächen begünstigt. Für genügende Rückfluß- bzw. Abflußmöglichkeit des abgestreiften Stoffes ist zu sorgen.

Schrifttum.

RÖTSCHER, F.: Die Maschinenelemente. Berlin: Springer 1927/1929.
Normblätter-Verzeicnnis. Beuth-Verlag.
TRUTNOVSKY, K.: Berührungsfreie Dichtungen. Berlin: VDI-Verlag 1943.
RAIBLE, F. A.: Das Verhalten von Dichtungen. Stuttgart: Diss. Techn. Hochsch. 1936.
Eignung von Rohrleitungen im Kraft- und Wärmebetrieb. Herausgegeben von der Arb.-Gemeinsch. Deutscher Kraft- und Wärmeingenieure (ADK) des VDI. Berlin 1938.
Stahlrohr-Handbuch von F. H. STRADTMANN. Essen: Vulkan-Verlag 1940.
SCHWEDLER: Handbuch der Rohrleitungen. 2. Aufl., Berlin: Springer.
LINDNER, H.: Hydrauliche Preßanlagen für die Kunstharzverarbeitung. Heft 82 der Werkstattbüber. Berlin: Springer 1940.
GRONAU, H.: Untersuchung von Stopfbüchsenpackungen und Manschettendichtungen für hohen hydraulischen Druck. Versuchsergebnisse. Versuchsfeld Maschinenelemente Techn. Hochsch. Berlin, Heft 11. München: Verlag Oldenburg 1935.
SONDERMANN, H.: Packungen und Manschetten für hohen hydraulischen Druck. Selbstverlag.
TRUTNOVSKY, K.: Berührungsdichtungen an ruhenden Maschinenteilen. Z. VDI Bd. 84 (1940) S. 277/82.
— Aufbau und Wirkungsweise von Stopfbüchsen. Z. VDI Bd. 85 (1941) S. 383/87.
— Spaltdichtungen. Z. VDI Bd. 83 (1939) S. 857/58.
RAIBLE, F. A.: Neue Versuche an Dichtungen. Z. VDI Bd. 83 (1939) S. 931.
SIEBEL, E., W. G. HERING und A. RAIBLE: Versuche über das Verhalten von Dichtungen. Forsch. Ing.-Wes. Bd. 5 (1934) S. 298/305.
— Die Anpreßkräfte bei Dichtungen. Arch. Wärmewirtsch. Bd. 16 (1935) S. 154/56.
— Versuche an Dichtungen bei hohen Drücken und Temperaturen. Z. VDI Bd. 80 (1936) S. 1392/93.
— Versuche über das Verhalten von Dichtungen. Z. VDI Bd. 79 (1935) S. 556/57.
MENGERINGHAUSEN, M.: Aufbau und Wirkungsweise von Muffendichtungen bei Abflußrohren. Gesundh.-Ing. 63. Jg. (1940) S. 203/11.
KOTZ, M.: Muffen-Rohrverbindungen mit Schwefelkitt-Dichtung. Gesundh.-Ing. 62. Jg. (1939) S. 36/40.
WIESE, FR.-F.: Eignung von Rohrleitungsdichtungen. Masch.-Schad. 1941, S. 65/70.
VDI-Richtlinien, Gestaltung und Anwendung von Gummiteilen. Aufgestellt vom VDI-Fachausschuß für Kunst- und Preßstoffe. Berlin: VDI-Verlag 1942.
DIEGMANN, H.: Flachdichtungen gegen Wasser, Gase, Öl und Benzin. Arch. Wärmewirtsch. Bd. 15 (1934) S. 210/11.
— Verdichtungskitte und ihre Anwendung. Apparatebau Bd. 50 (1938) S. 8/9.
— Versuche über das Verhalten verschiedener Dichtungsmittel unter Flüssigkeitsdruck. Werkst.-Techn. 1937, S. 133/36.
GAUGER, E. M.: Bauelemente im Hochdruckkesselbau, in: Maschinenelementetagung Düsseldorf. Berlin 1940.
SIEBEL, E.: Das Einwalzen von Rohren. Mitt. d. Kais.-Wilh.-Inst. Eisenforschg., Düsseldorf 1929, S. 123.
Die Werkstatt-Technik im Dampfkesselbau. Z. bayer. Revis.-Ver. Jg. 33 (1929) S. 321/26.
NITSCHE: Die Prüfung und Bewertung von Hochdruck-Dichtungsplatten (It-Platten). Anz. Berg-, Hütten- u. Masch.-Wes. Bd. 53 (1931) H. 28.
SCHAAFF, F.: Erfahrungen im Gasrohrnetzbetrieb. Gas- u. Wasserfach 81. Jg. (1938) S. 510/515.

Muffendichtungen aus Aluminium. Aluminium Jg. 21 (1939) S. 247.
GÖTTING, H.: Rohrverbindungen für Wasser- und Druckrohrleitungen. Gas- u. Wasserfach 83. Jg. (1940) S. 187/90.
VACHEROT, W.: Gußrohrverbindungen mit Gummidichtungen. Z. VDI Bd. 80 (1936) S. 296/98.
WAGENFÜHRER, K.: Kautschuk als Werkstoff für die Dichtung von gußeisernen Muffendruckrohren für Gas- und Wasserleitungen. Gas- u. Wasserfach Jg. 79 (1936).
SCHEMEL, R. und S. CLODIUS: Versuche mit Heimstoffen im Wasserleitungsbau. Gas- u. Wasserfach 80. Jg. (1937) S. 151/57, 187/91.
ARMLEDER, K.: Nahtlose, metallische Federkörper. Z. VDI Bd. 97 (1935) S. 1175.
MADUSCHKA, L.: Über Betriebsüberwachung, Wartung und Instandhaltung von Gasmaschinen. Masch.-Schad. 1942, S. 1/8.
SMERAK, V.: Luft- und Kolbenkompressoren ohne Zylinderschmierung. Skoda-Mitt. Bd. 2 (1940) S. 33/39.
MAIER, A. F.: Die Beherrschung von hohen Drücken bei Gefäßen mit Verschlüssen unter Hervorhebung der Schraube als häufigstem Verschlußteil. Techn. Mitt. Krupp, 5. Jg. (1937) S. 197/214.
KRISAM, F.: Stopfbuchsen für Kreiselpumpen mit hohen Drücken und Temperaturen. Z. VDI Bd. 82 (1938) S. 1382/83.
WEDEMEYER, F. A.: Dichte Flanschverbindungen. Wärme 62. Jg. (1939) S. 11/12.
BÜCHELE, R.: Höchstdruckrohrleitungen. Wärme Bd. 61 (1938) S. 61/65.
SCHWEICKARDT, O.: Entlastete Dichtungsringe. Wärme 60. Jg. (1937) S. 19/22, 38/41.
BECKER, E. R.: Gestaltungsfragen bei Lager-Austauschstoffen. Arch. Wärmewirtsch. Bd. 18 (1937) S. 255/57.

Verzeichnis der benutzten Firmendruckschriften.

Goetze-Werk A. G., Burscheid bei Köln. — Carl Freudenberg, Weinheim a. d. B. (Simmerwerk). — Dichtungsring-Gesellschaft m. b. H., Stuttgart. — Rich. Klinger G. m. b. H., Gumpaldskirchen bei Wien. — Feodor Burgmann, Dresden-Laubegast. — A. Hecker, Dresden. — Hugo Reinz, Berlin-Spandau. — Gustav Huhn, Berlin-Tempelhof. — Franz Hauber, Wien. — Wietz & Co., Dortmund-Lütgendortmund. — Sack & Kiesselbach, Düsseldorf-Rath. — Rasor & Kuhrmeier, Ludwigshafen a. Rh. — Max Dreyer & Co., Magdeburg-Sudenburg. — Dr. R. Proell, Dresden. — Berlin-Karlsruher Industrie-Werke A. G., Karlsruhe (B). — Weber & Schulz, Hamburg-Bahrenfeld. — Siemens-Planiawerke, A. G., Berlin-Lichtenberg. — Schunk & Ebe, Gießen. — Halberghütte G. m. b. H., Brebach-Saar. — Deutsche Eisenwerke A. G., Werk Schalker Verein, Gelsenkirchen. — Deutscher Gußrohrverband, G. m. b. H., Köln. — Großrohr-Verband G. m. b. H., Düsseldorf. — Rüger & Mallon K.-G., Berlin. — Asbest- und Gummiwerke Martin Merkel K. G., Hamburg-Wilhelmsburg.

Dinormen für Dichtungen.

DIN 2350 bis 2383 Rohrverschraubungen
DIN 2401 Druckstufen für Rohrleitungen, Nenn-, Betriebs-, Probedruck
DIN 2448 Nahtlose Stahlrohre, Übersicht
DIN 2500 Flanschen, Übersicht
DIN 2501 bis 2682 Flanschen
DIN 2690 bis 2698 Dichtungen
DIN 2787 bis 2815 Flanschverbindungen für Druckwasseranlagen
DIN 2993 Rohrverbindungen für Gewinderohre (Flachdichtungen)
DIN 3551 Schlauchverbindungen für Getränke- und Nahrungsmittelanlagen
DIN 7005 Flachdichtringe
DIN 7602 bis 7607 Rohrleitungen im Fahrzeugbau
DIN 8066 Rohrverschraubung für Kunststoffrohre, Flachdichtringe
DIN 8067 Flanschverbindung für Kunststoffrohre
DIN 9509 Dichtringe (Hochkant-Rechteck) für ballige Flächen (Ölschieber)
DIN 11496 Rundgummi-Dichtringe für Milchrohrleitungen
DIN 11850 Milchrohrleitungen, Rohre und Verschraubungen
DIN 16258 Dichtscheiben für Manometeranschlüsse
DIN 16259 Dichtlinsen für Manometeranschlüsse
DIN 20061 Kreisprofildichtringe für Fülleitungen von Druckluftlokomotiven
DIN 21604 Flachdichtringe (Wetterlutten)
DIN 25576 Linsenringe (Eisenbahnwagenbau)
DIN 29210 Dichtungs-Spritzringe für Gleitachslager von Straßenbahnwagen
DIN 31259 bis 31495 Rohrleitungen im Dampflokomotivbau
DIN 35121 geteilte Stopfbuchsen für Lokomotiv-Dampfmaschinen
DIN 35125, 35127 Naßdampfstopfbuchsen für Lokomotiv-Dampfmaschinen
DIN 71454 Flachdichtrahmen (Ölfilterdichtung)
DIN 73101 bis 73105 Kolbenringe für Fahrzeugmotoren

II. Spangebende Formung (Fortsetzung)

III. Spanlose Formung

IV. Schweißen, Löten, Gießerei

V. Antriebe, Getriebe, Vorrichtungen

(Fortsetzung 4. Umschlagseite)